AF290356

E l m a r   B a t t l o g g

Stirling Freikolben Motoren

Wenn das Licht ausgeht!
Erfahrungsbericht einer Neuentwicklung

BoD Verlag

ISBN 9 7837 5578 3251

Lektorat

Elmar Battlogg

Buch und Covergestaltung

Elmar Battlogg

Fotografien

Elmar Battlogg

Impressum

Autor Herausgeber:

Elmar Battlogg

Neue Landstraße 7b

A-6841 Mäder

E-Mail: elmar.battlogg@aon.at

1. Auflage 02.01.2022

Herstellung und Verlag: BoD – Books on Demand, Norderstedt

Inhaltsverzeichnis

Einleitung

An alle Stirling-Motoren-Freunde und diejenigen die es noch werden wollen. Mittlerweile arbeite ich schon 30 Jahre an der Entwicklung von Stirlingmotoren. Immer wieder haben mich Personen angerufen wie auch angeschrieben die mehr über meine Motoren erfahren wollten weshalb ich beschloss, ein Buch darüber zu schreiben. Viele Interessierte sind von der Einfachheit der Erfindung so begeistert, bei der heiße Luft erwärmt und wieder abgekühlt wird, mit dem Ergebnis, dass dadurch ein Motor zum Laufen gebracht wird. Deshalb wird dieser Motor in der Literatur oft als Stirlingmotor oder als Heißluftmotor beschrieben. An dieser Stelle möchte ich mich beim Erfinder Robert Stirling für seine große Erfindung bedanken. Robert Stirling war ein schottischer Pfarrer, und reichte 1816 ein Patent über eine Wärmekraftmaschine ein die nur mit heißer Luft betrieben wird. Mit etwas Geschick kann sich jeder einen kleinen oder größeren Motor selber bauen. Mein Interesse an diesen Stirlingmotoren begann im Jahre 1990, als ich das erste Mal mit dieser Technik in Berührung kam. Es war ein Buch über verschiedene Wärmekraftmaschinen, dass mir in einer Bücherei aufgefallen war. Darin wurden Dampfmaschinen, Dampfturbinen wie auch der Rankin Prozess beschrieben deren Technik mich schon lange interessierte. In diesem Buch war auch ein Stirlingmotor abgebildet, anfangs verstand ich die Funktion nicht genau bis ich begriff wie einfach so ein Motor zu bauen war. Immer wieder habe ich dann diese Maschinen gegeneinander verglichen und mir Gedanken gemacht wie man sie verbessern konnte. Das Rad musste ja nicht gleich neu erfunden werden. Die Erfindung war sehr alt, aber immer noch gut. In diesen Jahren schwammen wir auf einer Öko Welle, man wollte aus Biomasse Strom und Wärme gewinnen. Ich wollte diese Technik weiterentwickeln, und so suchte nach Möglichkeiten einen solchen Motor in eine Heizung zu integrieren. Leider waren keine Stirlingmotoren zu bekommen, und so baute ich mir meine eigenen. Schnell bemerkte ich die Vorteile dieser Technik, es ging um eine Heiße und einer Kalten Seite bei der Luft hin und her geschoben wurde. Der Vorteil dieser Technik war die äußere Verbrennung, der Motor brauchte keinen Kessel und er konnte sogar mit Sonnenenergie, Biomasse wie auch mit Niedertemperatur betrieben werden.

Abb. ©Robert Stirling

Abb. ©National Museums of Scotland, An original
model of a Stirling engine, 1827

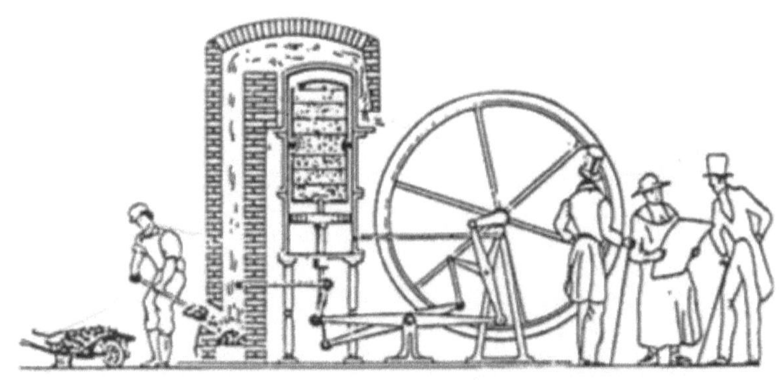

Abb. © The Sterling Engine, Paleo-Energetique

Die Erfindung der Wärmekraftmaschine von Robert Stirling war so genial, dass ich mich ausführlicher damit zu beschäftigen begann. Die Bauweise erschien mir geeignet mit einfachen Mitteln einen Motor zu bauen, der mit unterschiedlichen Wärmequellen, egal auf welchem Niveau, zu betreiben. Leider gab es in diesen Jahren wenige Fachbücher, welche die Stirlingmotoren Technik ausführlich beschrieb. Später erfuhr ich über das Internet von einer Stirling Gemeinschaft, die sich intensiv mit diesem Thema auseinandersetzte. Es begann eine intensive Zeit der Suche nach Menschen die sich damit gut auskannten. Von dieser Stirling Gemeinschaft erfuhr ich dann, dass sogar Veranstaltungen (Europa, bzw. Weltweit) über diese Technologie abgehalten wurden. Dabei haben Konstrukteure wie auch Hobby Erfinder ihre aktuellen Modelle bzw. beeindruckende Entwicklungen gezeigt. Über Unterlagen und Broschüren wurden die Einsatzmöglichkeiten zur elektrischen Stromerzeugung detailliert beschrieben. Bei diesen Treffen wurden auch Vorträge abgehalten, deren Inhalte in einem Tagungsband zu erwerben waren. Es war eine interessante Technologie auf die ich da gestoßen bin. Der Virus hatte mich befallen und so begann eine Leidenschaft, die mich bis heute nicht losgelassen hat.

An dieser Stelle möchte ich jenen Menschen danken, die mich in diesen Jahren aktiv bei der Fertigung von diesen Motoren unterstützt haben. Besonders danken möchte ich meiner Frau Christine die doch einiges mitmachen musste, weil immer wieder im ganzen Haus Teile herumliegen ließ, deren Entwicklung sehr viel Geld gekostet haben.

Meine ersten Entwicklungen

Die ersten Stirlingmotoren in meinen Anfangsjahren waren sehr groß und ich möchte nochmals darauf hinweisen, dass sie viel Geld gekostet haben. Es braucht viel Erfahrung, Grundlagen im Maschinenbau wie auch elektrische Kenntnisse, wenn man sich mit dieser Technologie auseinandersetzt. Daher wäre es wichtig, klein anzufangen und mit der Zeit größere Motoren zu bauen. Bei mir war es umgekehrt und ich musste deshalb viel „Lehrgeld" bezahlen. Meine Tätigkeit beschränkte sich eine Zeit lang auf die Konstruktion und den Zusammenbau der Maschinen. Es war mir einfach nicht möglich größere Teile herzustellen, die einen ganzen Maschinenpark benötigten. Eine eigene Werkstatt war nicht vorhanden und so konnte ich nur Zeichnungen erstellen, die mit minimalem Aufwand zu realisieren waren. Glücklicherweise wurde mir ein Mechaniker empfohlen, der kostengünstig Teile anfertigen konnte.

Hugo, er war früher selbstständig, hatte viel technische Erfahrung und einen riesigen Maschinenpark. Zudem verlangte er für die Anfertigung von Teilen - weil er in Pension war - wenig bis gar kein Geld, da er sich auch sehr für meine Motoren interessierte. Zu seinem Hobby zählte das Bauen von Dampfmaschinen, somit war er für mich ein Glücksfall. Nur mit einer Sache hatte er ein Problem. Er war es gewohnt, seine Modelle mit viel Schrauben und Flansche zu versehen, ich wollte dagegen alles nur zusammenkleben. Nach einiger Zeit konnte ich weitere Kontakte knüpfen, die sich schon länger mit diesem Thema Stirling beschäftigten, und schon sehr viel Erfahrungen damit hatten. Sie machten mir den Vorschlag, ich solle das Europäisches-Stirling-Forum in Osnabrück (Deutschland) besuchen, damit wir uns austauschen konnten. Die Diskussionen dauerten oft bis in die Nacht. Später gab es ein weiteres Treffen in Ancona (Italien). Dabei wurde besprochen, was gebaut und ausprobiert worden war, und was nicht funktionierte. Zuhause dachte man sich wieder neue Konstruktionen aus, die bisher noch nicht gebaut worden sind. Deshalb sind auch die vielen unterschiedlichen Konstruktionen zu erklären. Das sind Alpha, Beta, Gamma, und die Freikolben Technik.

Der Umstieg von Alpha, Beta, Gamma, auf Stirling -Freikolbenmotoren

Unter allen verschiedenen Stirlingmotoren wird die Freikolben Bauart, auch als Königsklasse unter diesen Motoren bezeichnet. Hier entfallen wie bei den herkömmlichen Motoren die Kurbelwelle und Pleuelstange. Nach dem ich anfangs Alpha, Beta, und Gamma Maschinen gebaut hatte, suchte ich eine neue Herausforderung. Jedoch warnten mich meine Stirling Freunde vor dieser Technologie, die schwer zu beherrschen war. Solche Motoren, wenn man sie überhaupt in diesem Sinne noch als Motoren bezeichnen kann, funktionieren mit Stahlfedern sowie einem Arbeitskolben (AK) und einem Steuerkolben (SK) die zum Schwingen gebracht werden. Das Prinzip war jedoch dasselbe. Ein Verdränger der dem AK im Normalfall um 90 Grad vorauseilt. Wenn über den Erhitzerkopf Wärme in die Maschine eingebracht wird, entsteht ein Druckunterschied, der auf die Kolben einwirkt. Durch die Phasenverschiebung, die sich zwischen 70-110 Grad bewegen kann, wird ein Druckunterschied erzeugt, der wiederum auf den Arbeitskolben drückt. Der Vorteil beim Freikolbenmotor besteht darin, dass weniger mechanische Reibung erzeugt als bei einer Kurbelwelle. Es gab keine Seitenkräfte von den Kolben die auf die Zylinderwand drückten. Beide Kolben können sich im Zylinder linear bewegen die nur über eine Stahlfeder, Gasfeder, Membran oder durch ihre eigene Masse gesteuert werden. Im ersten Moment klingt es sehr einfach, durch das in Schwingung versetzter Kolben einen Motor zu betreiben. Genau hier liegen die Schwierigkeiten dieser Maschine. Durch gewisse Einflüsse kann dieses schwingende System aus dem Rhythmus kommen, es kann durchaus dazu führen, dass der Motor stehen bleibt. Einer der Einflüsse wäre ein Lastwechsel im Lineargenerator der den Motor aus dem Takt geraten lässt. Nach Erwärmen des Erhitzers braucht der Arbeitskolben - in der Regel einen Impuls (Anstoß) damit er anläuft. Danach wird er sich je nach Temperatur und Last auf eine Frequenz einstellen. Der Verdränger kann auf verschiedene Arten angesteuert werden. Entweder werden mechanische Federn oder bei hochmodernen Stromgeneratoren eine Gasfeder eingesetzt. Eine Freikolbenmaschine besteht genauso wie andere Maschinen aus zwei Kolben nur ohne Kurbelwelle, die sich gegenseitig aufschaukeln. Von diesen Maschinen gab es nur Fotos. Leider existierten wenige Pläne und Unterlagen, die freischwingende Stirlingmotoren mit Gasfeder beschrieben, was mich veranlasste selber Erfahrungen zu sammeln. Einige Entwicklungen möchte ich doch noch erwähnen die mich inspiriert haben.

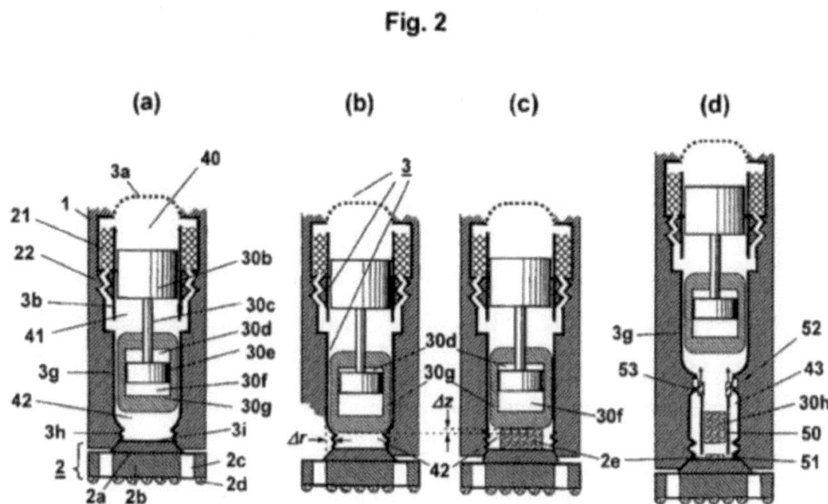

Erfindung der Freikolbenmaschine: Prof. William Beale

Auf der Grundlage von Robert Stirling Erfindung entwickelte der US-Amerikaner Prof. William Beale an der Universität von Athens in Ohio eine freischwingende Kolben-Maschine, die als weiteren Meilenstein in der Stirling-Technologie galt. Es handelte sich um eine geniale Weiterentwicklung die ohne mechanische Verbindung der beiden Kolben, nur durch ein Feder-Masse-System auskommt. In der Fachwelt galt diese Frei-kolben Version als eine elegante Lösung kompakte Maschinen zu bauen. Das Problem mit den Seitenkräften (Verschleiß) der Kolben im Zylinder war damit gelöst. Mit der Kapselung konnten Aggregate auch mit hohem Druck mit Helium oder Wasserstoff ge-baut werden, was auch die Leistung steigerte.

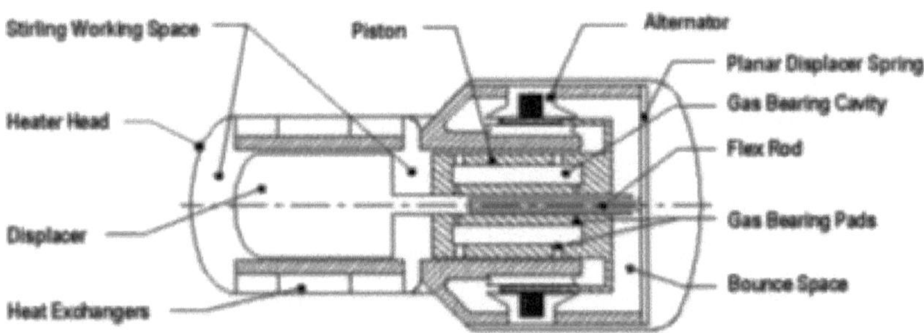

Abb. ©ASC Cross Section. Key component of the ASC are displayed in this 2-D layout, Jonathan F. Metscher Embry-Riddle Aeronautical University - Daytona Beach

Eine hermetische Abdichtung brachte auch den Vorteil, dass Edelgase wie Helium oder Wasserstoff eingesetzt werden konnte. Die Arbeit der Kolben wurde über einen elektrischen Lineargenerator ausgekoppelt. Die isolierten Leitungen konnten auch gut abgedichtet (Verklebt) aus dem Gehäuse geführt werden. Es war eine Sensation, aber es war eine technisch sehr anspruchsvolle Maschine und Ingenieure weltweit mussten einiges an Hirnschmalz einsetzen, bis alle Probleme die eine neue Technologie so mitbringt, gelöst waren. Es war ein erster Anstoß die durch Prof. William Beale geschaffen wurde und sie diente auch als Grundlage für Wärmepumpen, elektrische Generatoren, und der Kälteerzeugung im Tieftemperatur Bereich.

NASA Freikolben-Stirling-Motor

In diesen Jahren habe ich sehr viele Erfahrungen gesammelt und bin dann auf den sogenannten NASA Motor gestoßen. Der NASA Freikolbenmotor wurde zur Stromerzeugung für Satelliten im Weltall entwickelt. Die National Aeronautics and Space Administration (NASA) hatte 1984 ein Programm ins Leben gerufen. Das Ziel war, die im Weltraum dazu benötigte elektr. Energie mittels Stirling-Systeme zu erzeugen. Die NASA versprach sich vom Einsatz einer Freikolben-Stirling-Maschine im Vergleich zu anderen Energiesystemen einen höheren Wirkungsgrad. Die Solarzellen steckten "noch" in den Kinderschuhen. Bekannt wurde von der NASA eine 25 kW Entwicklung, bei der Helium mit einem Druck von 15 MPa verwendet wurde und einen Wirkungs grad von 28% hatte. Sowohl der Arbeitskolben (Power Piston) als auch der Verdränger (Displacer) wurde Gasgeschmiert ausgeführt. Die Schwingungsfrequenz der Maschine lag bei 50-60 Hz, was mit einer Drehzahl einer herkömmlichen Maschine von 3000 U/ min verglichen werden kann. Wichtig für einen Weltraumeinsatz war ein vibrationsarmes Betriebsverhalten damit ein ungestörtes Arbeiten der Navigationssysteme gewährleistet war. Sie wurde für Satelliten mit einer Lebensdauer von 60000 Stunden konstruiert, und mit radioaktiver Isotopen Zerfallswärme als primäre Energie betrieben. In welchem Zeitraum solche Aggregate in Weltraummissionen eingesetzt wurde ist mir nicht bekannt. Nur durch einen Zwischenfall bei dem ein Satellit auf die Erde abstürzte wurde bekannt. Das Stromaggregat das an Bord war wurde mit radioaktivem Material betrieben. Eines hat dieses Programm bewirkt, dass die Erfahrungen die daraus gewonnen wurden, bei anderen zivilen Stirling Projekten mit eingeflossen sind.

Sunpower

Auch die Firma Sunpower in Athens Ohio USA sollte erwähnt werden. Sie gilt als Pionier bei der Weiterentwicklung von Freikolben Stirling Maschinen (Free-piston Stirling-Engines). Später haben sie zur Kälteerzeugung zahlreicher Maschinen (Kryokühler) bei Tieftemperatur Anwendungen zur Sensor Kühlung gebaut. Sunpower hat mehrere Freikolben-Stirling-Maschinen mit Kälteleistungen von 5-250 Watt gebaut. Ein wesentlicher Vorteil dieser Bauweise ist, dass nahezu keine Reibung an den Zylinder Wänden entsteht und wartungsarm waren. Auf Kolbenringe konnte verzichtet werden die durch kleine Toleranzen bei der Fertigung erreicht worden sind. Somit entfällt das Schmiermittel das durch die engen Spalten vom Arbeitsgas übernommen wird. Das Fehlen der Querkräfte mit der geraden Führung der Kolben erhöht die Lebensdauer wesentlich. Angetrieben werden solche Systeme mittels eines elektrischen Linearmotors der im Druckgehäuse eingebaut ist. Als Nachteil der Freikolben Technik muss der hohe Entwicklungsaufwand genannt werden die nur über sehr große Stückzahlen gerechtfertigt waren. Simulationsprogramme verbesserten Kolbenhub, optimierten die Frequenz, wodurch eine maximale Carnot-Leistungszahl von über 50% erreicht wurden. Es gab auch Versuche solche Systeme in Kühlschränke einzubauen, die auch ohne umweltschädlichen Treibhausgase funktionierten. Ein weiterer Vorteil war, sie konnten bis zu 80 Grad Minus mit hohem Wirkungsgrad hinunterfahren. Um eine Leistungsregelung wder Stirling-Kältemaschine während des Betriebes zu ermöglichen, wurde der Kolbenhub verändert. Eine solche Ansteuerung wurde notwendig, damit das Kältesystem nicht ständig ein- und ausschaltet. Freikolben-Kälteaggregate wurden in Kühlschränke bis 120 Liter Volumen eingebaut und sie liefen problemlos mit besseren Leistungszahlen wie herkömmliche Kältesysteme.

Dish/Freikolben-Stirling-Systems

Es gab auch Entwicklungen in der Nutzung von Solarer Energie durch Dish/Stirling-Systeme. Es waren Freikolbenmotoren wie auch Motoren mit Kurbeltrieb von 2 kW bis 6 kW und 12 KW elektrischer Leistung. Eine vielversprechende Freikolbenmaschine mit einem überarbeiteten Erhitzerkopf hat 7.5 kWel. erreicht, bei 670 C Erhitzer Temperatur im Brennpunkt. Mit der gemessenen Leistung und damit errechneten Wirkungsgrad lag diese bei 28% der zum Vergleich anderer Solar-Systeme enorm hoch war.   Die eingesetzte Freikolbenmaschine wurde extra für das Dish/System entworfen, das sich der thermischen Schwankungen anpassen. Nachteile solcher Free-Piston Stirling Maschinen zu den herkömmlichen Dish/Stirling Motoren mit Kurbelantrieb entstehen bei Leistungsschwankungen im Netz. Eine zusätzliche Leistung bzw. Kontrollsystem ist deshalb erforderlich. Erwartet wurde eine längere Lebensdauer, da weniger Reibung entstand, weil auch keine Lager vorhanden waren. Anlagen der ersten Projektphase wurden an verschieden Orten erfolgreich getestet. Gezeigt haben sich Vibrationen an der Maschine, die jedoch erwartet worden sind, weil sie nicht genau mit dem Spiegelelement in Eigenfrequenz lag. Dies hatte zufolge, dass Schwingungen am gesamten System auftraten, die mit einer Verstärkung des Rahmens gelöst werden konnten. Mit dem Aufkommen der Solarzellen Technologie wurden alle Entwicklungen gestoppt bzw. die Stirling Technologie Szene war tot. Und wieder einmal ist eine doch bewundernswerte Technologie in der Versenkung verschwunden. Meiner Ansicht nach hat der Stirlingmotor nur noch eine Chance in der Biomasseverstromung bei dem Holz bzw. Hackschnitzel oder Pellets verbrannt werden.

Meine erste Begeisterung war groß. Jetzt hatte ich eine Technologie bei der ich keine Werkstatt brauchte. Der Motor war wartungsarm, weil er ohne Kurbelwelle, Pleuel, Lager und Schwungrad auskam. Die Kolben bewegten sich linear hin und her und erzeugte in einem Generator den benötigten Strom. Für mich war das ein Segen, weil ich mit wenig Aufwand leicht einen solchen bauen konnte. Die Entwicklung mit den schwingenden Kolben, konnte ich mit einfachen Membranen umsetzen. Der Aufbau und die Einfachheit waren genial. Es mussten weniger Teile gefertigt werden. Hier ersparte ich mir einen aufwendigen Arbeitskolben der auf einer Drehbank bzw. auf einer Fräsmaschine gefertigt werden musste.

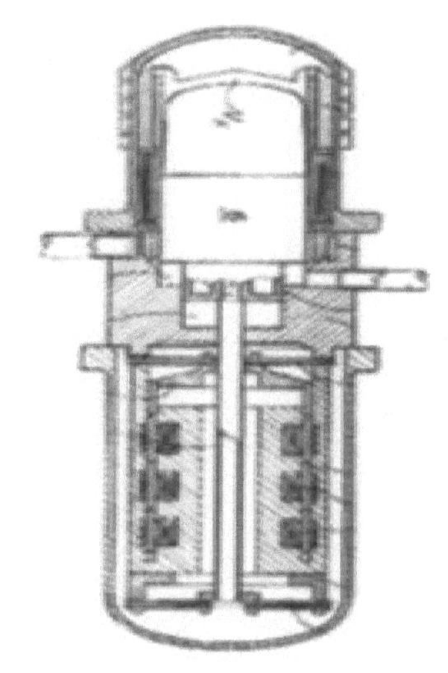

Die Kolben konnten mit einem schlichten einfachen Luftballon „Gummi" ersetzt werden. Die ersten Erfolge waren vielversprechend. Die Euphorie war groß. Es folgte aber bald eine Ernüchterung. Wie ich feststellen musste, gab es zu allen Vorteilen auch einige Nachteile. Das passende Membran mit einer langen Lebensdauer musste erst noch gefunden werden. Auch die Halterung zu der Membran wurde zu einer Herausforderung. Weil ich nicht in den Freikolbenmotor hineinschauen konnte, musste ich den Motor immer wieder öffnen und ihn mit neu angefertigten Teilen testen. Der Verdränger darf nur so weit schwingen, sodass, er das ganze Volumen ausnutzt, aber nicht den Boden berühren. Er sollte bei der Aufwärtsbewegung auch nicht das Arbeitsmembran berühren. Das Ganze muss gut abgestimmt werden, damit sollten beide Membranen gegeneinander, in der richtigen Phasenverschiebung zum Schwingen kommen. Diese technische Herausforderung musste erst gelöst werden. Es war ein enormer Aufwand den ich unterschätzte. Damit sich die Kosten im Rahmen bewegten, verwendete ich Dosen, die nicht nur billig, sondern auch ideal für den Bau von einem Stirlingmotor geeignet waren. Auf dieses Thema „Dosen" und deren Eigenschaften werde ich noch gesondert eingehen.

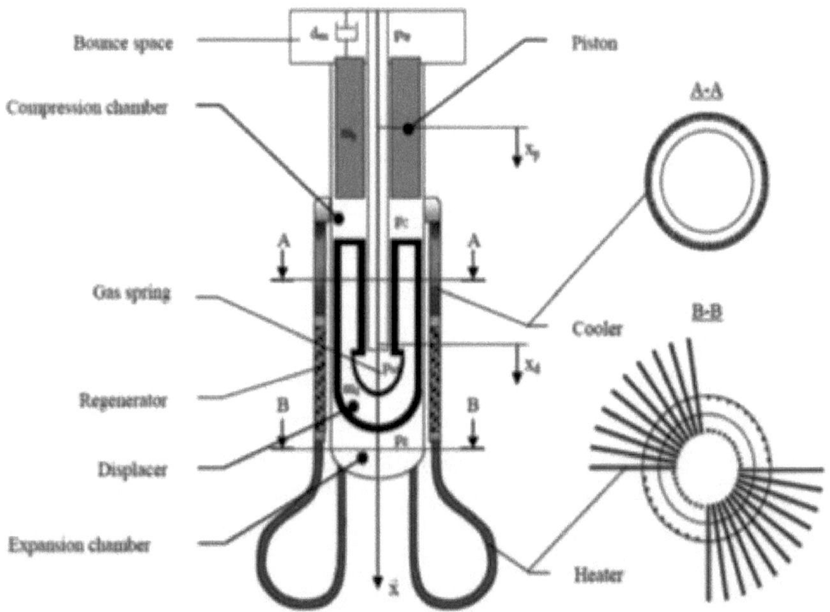

Bounce space
Compression chamber
Gas spring
Regenerator
Displacer
Expansion chamber
Piston
Cooler
Heater
A-A
B-B
A
A
B
B
x_p
x_d
x

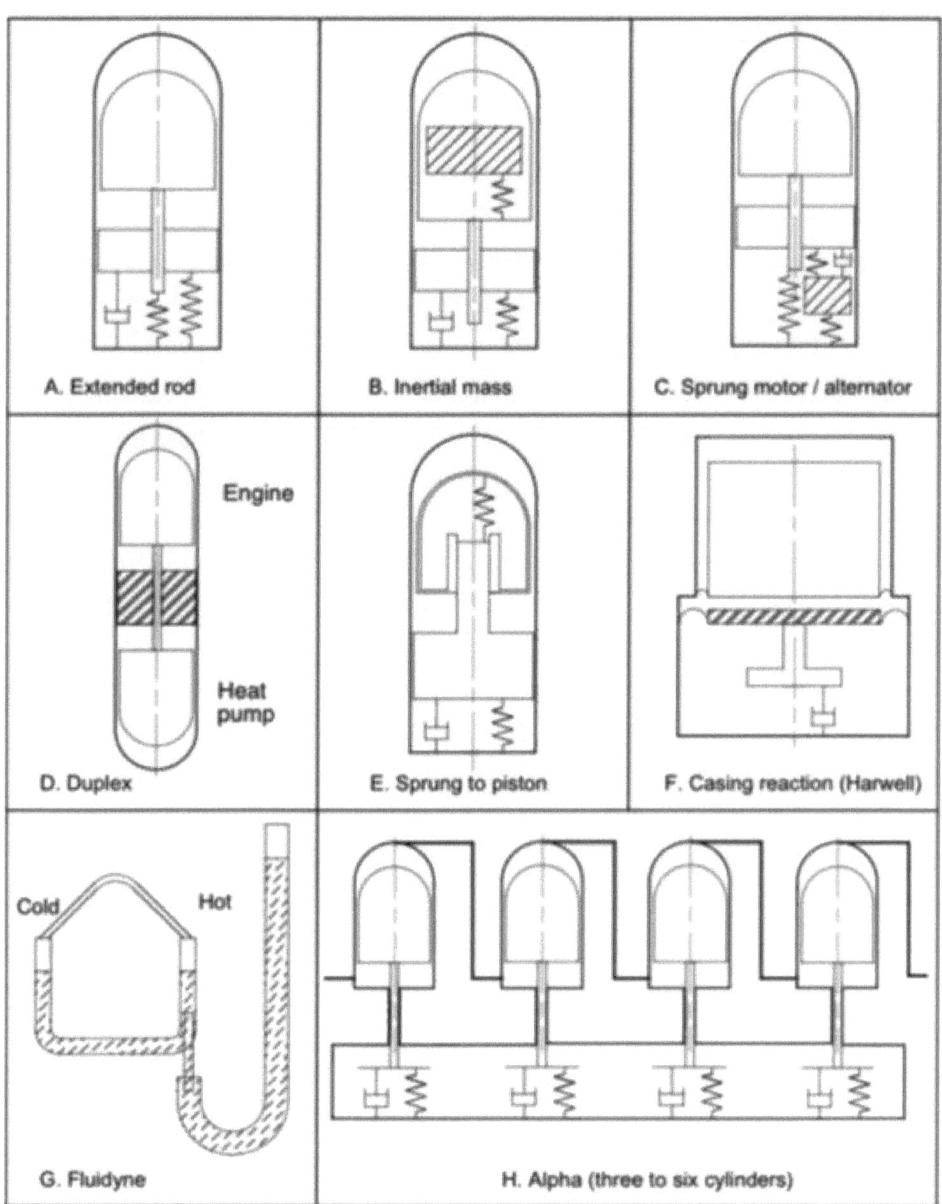

Abb. ©Verschiedene Freikolben-Stirling-Konfigurationen... F. „freier Zylinder", G. Fluidyne, H. „doppelt-wirkender" Stirling (typischerweise 4 Zylinder).

Stirling-Freikolben-Generator W 2

Wenn das Licht ausgeht

Mit der SFG-2W habe ich ein Mini Kraftwerk entwickelt, mit der Leistung von zwei Watt elektrischer Leistung. Der Stirling-Freikolben-Generator wird mit einem Maxi Teelicht betrieben, das ca. 50 Watt an Wärmeleistung liefert. Ein Maxi Teelicht aus dem Drogerie Markt (DM) brennt ca. 10 Stunden lang, es hat sich als geruchsneutral herausgestellt, es bildet auch die größte Flamme, was sich auch bei der Leistung bemerkbar macht. Mit diesem Teelicht habe ich die beste Erfahrung gemacht. Alle Komponenten müssen aufeinander abgestimmt sein, hier liegt das Geheimnis weshalb der Motor bzw. Generator auf eine Leistung von 2 Watt kommt. Wer sich mit dieser Technik etwas auseinandergesetzt hat und schon versucht hat einen Dosen Motor selber zu bauen, weiß von was ich rede. Der Freikolben Stirlingmotor hat 60 ccm Hubraum. Der Arbeitskolben macht einen Hub von ca. 20 mm und der Verdränger hat einen Hub von 16-20 mm. Gekühlt wird der Stirlingmotor mit 24 bei größeren mit 40 Stück Alu Rippen, mit der Länge von 80-100 mm, die Breite beträgt 40 mm, und hat eine Stärke von 2 mm. Der Stirlingmotor hat die Außenmaße im Durchmesser von 74 mm und die Höhe 110 mm. Hier handelt es sich um gebräuchliche Dosen, die in jedem Supermarkt erhältlich sind. Der Erhitzer hat einen Durchmesser von 74 mm und eine Höhe von 82 mm, er wurde dem Stirlingmotor angepasst. Die Drücke im Stirlingmotor konnte ich leider nicht genau messen, ein dazu passende Messanlage mit mehreren Temperaturfühler, Frequenz, und Druckmesser hätten mein Budget gesprengt. Bei einer 1 Kilogramm Dose der als Erhitzer diente, konnten die Druckunterschiede gut erkannt werden. Der Dosenboden hatte einen Durchmesser von 100 mm, er bewegte sich deutlich auf und ab. Aus dieser Bewegung heraus vermute ich, dass ein Druckunterschied um die 0.2 Bar entstanden ist. Einen Versuch mit der Hand den Dosenboden hin und her zu drücken, benötige doch einige Kraft. Dieses Beispiel zeigt, welche Drücke es benötigt, um einen Motor zum Laufen zu bringen. Die Kraft und die damit erzeugte Leistung von 2 Watt elektrischer Leistung konnte nur erzeugt werden, weil das Teelicht im Ofen - gut isoliert - die volle

Technische Daten

- Leistung 2 Watt elektrisch
- Hubraum 60 ccm bei 20 mm Hub
- Höhe der gesamten Anlage 330,0 mm
- Durchmesser an der breitesten Stelle 165,0 mm
- Frequenz variiert von 10-30 Herz
- Generatorgehäuse 80,0 x 85,0 innen 76,0 mm
- Generatorgehäuse 8 Stück Bohrungen 10,0 mm
- Lichtbalken 320 x 75 mm mit 4 LED 3 Watt Leistung
- Spule Durchmesser 76 mm x Höhe 25,0 mm
- Kupferdraht Cu 0,01 mm Gewicht ca. 300 Gramm
- Erhitzer Dose 82,0 mm Durchmesser 73,0 mm
- Kühler Dose 110,0 mm Durchmesser 73,0 mm
- Kühlrippen Alu 24 Stück 40x10x2 mm Höhe 80,0 mm
- Verdrängerkolben Alu 156 x 66 x 0,1 mm
- Prallplatten 3 Stück mit einem Durchmesser 66 mm
- Bügel Aufhängung 73 mm gebogen mit 20 mm Radius
- Stahldraht für die Befestigung der Membran 0,3 mm
- Ofen Mais-dose 156 x 156 x 0,5 mm
- Keramik Isoliermaterial bis 1000 Grad Celsius
- Ofen Brennkammer, Aussparung 92 x 54 mm
- Brennkammer Dose 100 mm Aussparung 80 x 54 mm

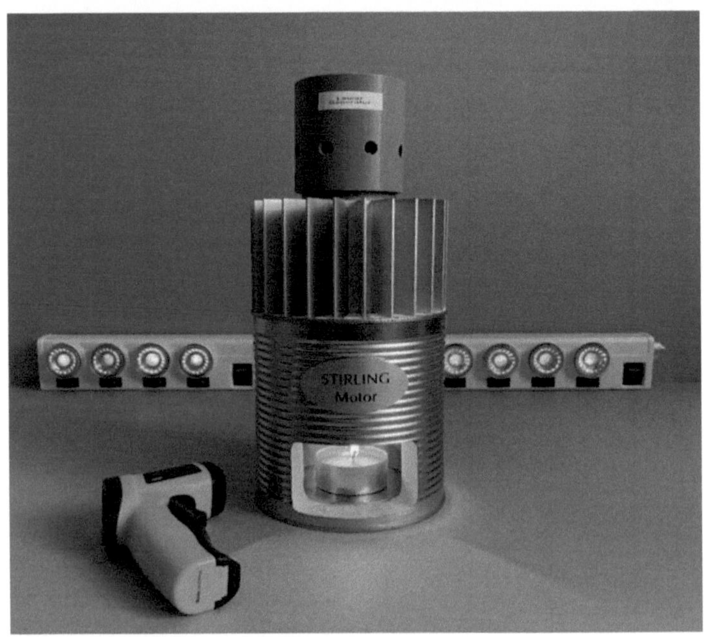

Materialliste

1 Stück Kühler Hundefutterdose

16 Stück Kühler ALU Rippen 130 mm

1 Stück Kühler Halterung, PVC roter Deckel

1 Stück Kühler Membran grau

1 Stück Kühler Teflon Zylinder

1 Stück Kühler ALU Wärmetauscher 220 mm

1 Stück Ofen Erhitzer Früchte Dose 1 KG

1 Stück Ofen Dose Brennkammer Nüsse

1 Stück Ofen Gulasch Dose 3 KG

5 Stück Ofen Keramikpapier 6 mm

1 Stück Ofen Schild Stirling-Motor

1 Stück VK Dose Bierdose

1 Stück VK Keramikpapier 3 mm

1 Stück VK PU Schaum

1 Stück VK Gummimembran

1 Stück VK Halter 99 mm Radius 150

1 Stück VK Schraube 3x20 mm

2 Stück VK Beilagscheibe 8 mm

3 Stück VK Mutter 3 mm

2 Stück VK Gummischeibe

1 Stück AK Membran grau

1 Stück AK Neodym Magnet 34x20 mm

1 Stück AK Magnethalter Holz 35x20 mm

1 Stück AK Schraube 4x20 mm

2 Stück AK Gummischeibe Gold

1 Stück AK Beilagscheibe 20x6,5 mm

1 Stück Generator Generatorgehäuse Rohr

1 Stück Generator Spule blau

1 Stück Generator Kupfer 0,01 Cu

1 Stück Generator Kabel 1 Meter braun

2 Stück Stromleisten je 4 Steckdosen

8 Stück LED-Lampen 12 Volt / 3 Watt

2 Meter weiße zweiadrige Kabel

1 Stück Klemme weiß

Materialkosten und Werkzeuge

Die Materialkosten der W2 Stirling-Generator-Anlage betrugen ca. 200,- EURO und das für die gesamte Einheit. Es handelt sich dabei um Teile aus dem Internet, wie auch aus dem Baumarkt und Lebensmitteldosen aus der Küche. Anzumerken wäre noch das Werkzeug, wie Blechschere groß und klein das auch noch angeschafft werden muss. Es kommen doch Beträge zusammen mit denen man anfangs nicht rechnet. Eine Neuentwicklung braucht oft Werkzeuge wie Kronenbohrer, Stufenbohrer sowie auch eine Ständerbohrmaschine. Benötigt werden auch Feilen in jeder Größe, wie auch Schleifpapier um die Dosen zu bearbeiten.

Temperaturmessung

Mit einem Laser Temperatur Messgerät, das ich mir bei Amazon besorgte, konnte ich die Temperaturwerte am Stirlingmotor messen. Der Erhitzer erreicht eine Temperatur von 150 Grad Celsius. Am Kühler hat sich ein Wert von ca. 50 Grad Celsius eingestellt, für eine luftgekühlte Maschine ist der Wert nicht schlecht. Bei einer Vergrößerung der Kühlfläche würde sich die Kühltemperatur noch um ein paar Grad senken. Die dazu notwendigen Aluschiene habe ich noch nicht gefunden. Die Kühlrippen von einer Firma anfertigen zu lassen, davon habe ich bislang Abstand genommen. Der Stirlingmotor hat noch weitere teure Teile, weshalb ich die Kosten im Auge behalten musste. Einer meiner Vorsätze, zuerst geeignetes Material im Baumarkt suchen die oft bei einer neuen

Entwicklung genügen. Wer mehr erreichen möchte kann sich an eine Firma wenden. Meiner Ansicht nach könnte der Stirlingmotor mit einer verbesserten Kühlung in der Leistung gesteigert werden. Ein Stirlingmotor ist eine Wärmekraftmaschine, je größer der Temperaturunterschied um größer wird der Druckunterschied, was sich wiederum auf die Leistung auswirkt.

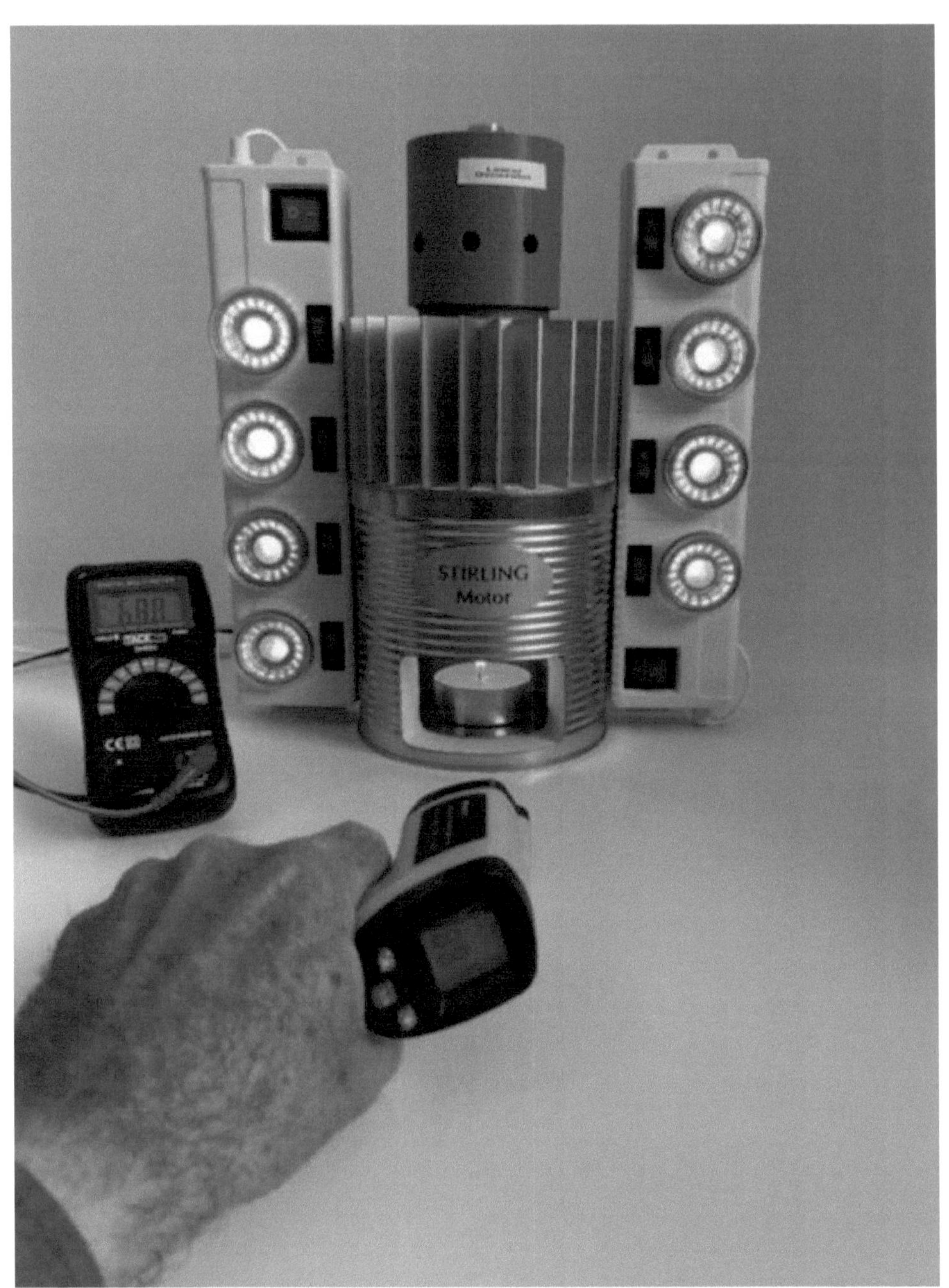

STIRLING
Motor

Der Freikolben-Stirling-Generator 2W ist auf Dauerlauf konzipiert. Ein Teelicht brennt 10 Stunden, mit drei Teelichter kann damit der Mini Generator 24 Stunden betrieben werden und erzeugt damit 48 Wattstunden elektrische Leistung. Damit können mehrere kleine LED-Lichter betrieben werden. Mit den richtigen LED, s kann man bis zu 12 Lichtern betreiben. Die elektrische Energie kann auch über einen Kondensator oder auch über einen Akku gespeichert werden. Der Stirling-Generator darf auch in Wohnräumen betrieben werden. Er ist sehr leise und wärmt zusätzlich der Raum. Das bedeutet, eine Heizung mit 50 Watt macht an einem Tag - 24 Stunden Dauerbetrieb - eine Heizleistung von zusätzlichen 1200 Wattstunden. Für einige auch bekannt als Teelichtheizung! Ein Maxi Teelicht kosten im Handel ca. 20 Cent, und hält damit auch die Treibstoffkosten von diesem Mini Kraftwerk in Grenzen.

Bedienungsanleitung von Stirlingmotoren

Der Stirlingmotor sollte in Betrieb gerade und auf einem festen Untergrund stehen. Durch die Auf- und Abwärtsbewegungen vov Dauermagneten, der eine gewisse Masse hat, kommt es zu Vibrationen die sich zurück auf den ganzen Motor übertragen. Hier handelt es sich um die eigene Frequenz der Maschine. Diese Frequenz könnte durch einen wackeligen Tisch gestört werden (Rückkopplung). Dadurch könnte der Stirlingmotor aus dem Takt kommen und würde an Frequenz, Drehzahl wie auch an Leistung verlieren. Der Freikolben Stirlingmotor sollte gerade aufgestellt werden. Bei einem Schiefstand würden sich die Reibungsverluste bemerkbar machen und er würde wiederum an Leistung verlieren. Weiters ist darauf zu achten, dass der Motor freisteht und sich keine entzündlichen Gegenstände in der Nähe befinden. Der Raum sollte gut belüftet sein, es entsteht durch das Abbrennen von einem Teelicht oder bei Verwendung eines Speiseöl-Brenner schädliche Rauchgase, es wird auch Sauerstoff entzogen. Sicherheit geht vor! Auf einen gut belüfteten Raum ist zu achten, jedoch sollte keine Zugluft die Flamme vom Teelicht stören. Die Flamme würde zum Flackern kommen, was sich wiederum auf die Leistung auswirkt. Warnung! Aus rechtlichen und Sicherheitsgründen möchte ich ausdrücklich davor warnen, der Stirlingmotor sollte niemals unbeaufsichtigt betrieben werden.

3D Teile

Membran

Es gab auch etliche versuche Membrane mit einem Dauermagneten zu verkleben. Nach unzähligen Versuchen bin ich davon abgekommen. Die Klebestellen haben sich als Schwachpunkt herausgestellt. Der einzige Vorteil beim Kleben war eine schnelle Befestigung, dadurch konnte ich unzählige Membrane testen. Je mehr Leistung ich erreichte, umso höher wurde die Belastung für die Klebestellen. Nach mehreren Rückschlägen bin ich dann auf die altbewährte Methode mit einer Schraubbefestigung zurückgekehrt. Es gab auch Versuche die Membrane mit einer Niete an einer Eisenhalterung zu befestigen. Der Dauermagnet haftete dann mit seiner Anziehungskraft, also von selbst an der Halterung.

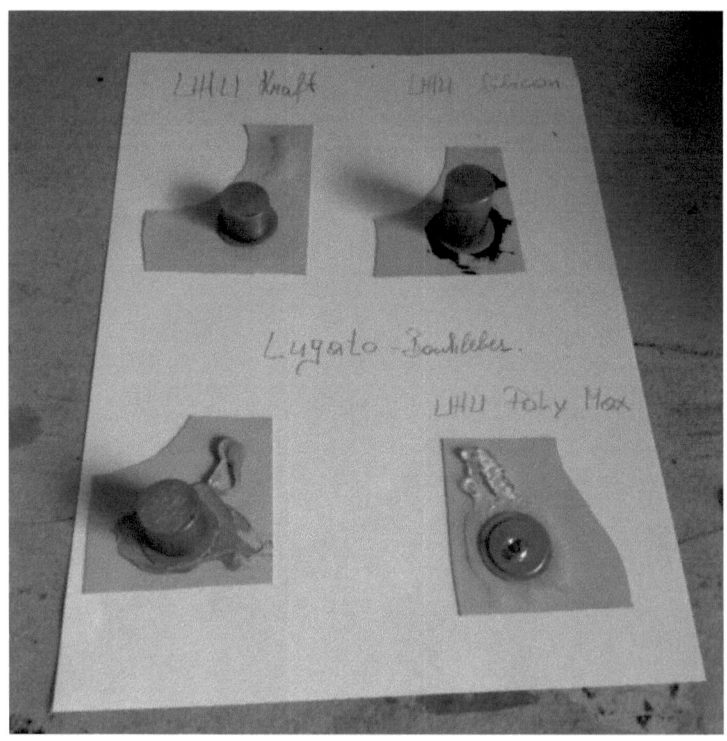

Erhitzer

Alles zum Thema Erhitzer

Der Erhitzer hat die Aufgabe so viel Wärme wie möglich aufzunehmen und danach so effizient wie möglich an das Arbeitsgas abzugeben. Bei Hightech Motoren die aufgeladen sind, wird bevorzugt Wasserstoff oder Helium bis zu 150 bar Mitteldruck zur Leistungssteigerung eingesetzt. Diese Masse an Gas muss durch den Erhitzer gedrückt werden. Wasserstoff und Helium sind deshalb als Arbeitsgas gut geeignet. Die Gase sind leider sehr flüchtig, weshalb es eine besondere Abdichtung erfordert. Bei mir gab es einen Versuch mit Helium, mit der Erkenntnis, Helium kostet viel Geld und die Leistungssteigerung war minimal, weshalb ich bei meiner "Luft" als Arbeitsgas geblieben bin. Mit Luft oder Stickstoff können sie bei niedriger Drehzahl gute Werte erreichen. Erst bei höherer Drehzahl entsteht durch die Dichte der Luft ein Strömungswiderstand der sich bemerkbar macht. Der Motor bremst sich selber ab. Hier kommt Luft als Arbeitsgas an seine Grenzen. Die Spaltmaße im Erhitzer sind meist sehr klein, weshalb ein guter Wärmeaustausch stattfindet, aber auch die Strömungswiderstände erhöht. Die Fläche im Inneren vom Erhitzer sollte zur Wärmeaufnahme so groß wie möglich aber mit geringem Strömungswiderstand konstruiert werden. Dabei sollte man den Totraum im Auge behalten. Er sollte wiederum vom gesamten Volumen nur 50 % betragen. Es ist eine Gratwanderung, Fläche zum Totraum mit guten Strömungseigenschaften. Im äußeren Bereich vom Erhitzer muss darauf geachtet werden, dass die Rauchgase gut durch den Erhitzer strömen können. Einige Konstruktion haben sich bewährt, die anderen gehören in die Kategorie Kunstwerke. Anzumerken wäre, dass bei allen Erhitzern die eine zusätzliche Fläche mit Kupferstäben, Messingschrauben oder Rohrkonstruktionen erhielten, eine leichte Verbesserung festgestellt werden konnte. Der Unterschied bei den Erhitzer Konstruktionen, von einer normalen zu einer modifizierten Dose machte sich erst beim Betrieb mit einem Gasbrenner bemerkbar. Ein Teelicht hat nur 50 Watt. Möglicherweise wird die aufgenommene Wärme vom Erhitzer mit den aufgelöteten Kupferstäben wieder abgestrahlt bevor sie in den Motor gelangt.

Wärmeverluste durch Abstrahlung

Die Wärmeverluste beim Erhitzer durch Abstrahlung sollten nicht unterschätzt werden. Wenn ein Teelicht als Energiequelle verwendet wird, dann sollte der Erhitzer die gesamte Energie aufnehmen und in den Kreisprozess führen. Beim Erhitzer gibt es jedoch einen Punkt bei dem er keine Wärme mehr aufnimmt, sondern ungenutzt abstrahlt. Die Stelle muss ermittelt werden, und unbedingt isoliert werden.

Bei einem Erhitzerkopf kann die Fläche der Wärmeübertragung nicht groß genug sein. Deshalb entwickelte ich eine zusätzliche Wärmeübertragung damit ich so viel wie möglich an Wärme in die Maschine bekomme. Meine Überlegung war, dass Kupferstäbe sehr gut Wärme in den Motor übertragen können. Deshalb habe ich 2mm Stäbe in die Dose eingepasst und mit Silberlot eingelötet. Der zeitliche Aufwand war enorm. Auch die Kosten für einen einfachen Stirlingmotor standen nicht im Verhältnis. Eine Stange Silberlot 650 Grad Schmelztemperatur kostet 10,95 Euro. Dazu kam noch der Kupferdraht, eine Rolle kosten 8,50 Euro im Baumarkt. Die Überlegung bestand darin, die Flamme vom Maxi Teelicht seitlich einzufangen. Die Flamme gibt die Wärme nicht nur nach oben ab, sie gibt auch einen kleinen Teil seitlich ab. Ein Teelicht hat nur 50 Watt. Möglicherweise wird die aufgenommene Wärme vom Erhitzer mit den aufgelöteten Kupferstäben wieder abgestrahlt bevor sie in den Motor gelangt. Jedes Watt an Wärmeenergie wollte ich mit diesen unzähligen Konstruktionen nutzen. Wenn die Flamme jedoch zu stark eingeengt wird, fängt sie an zu Rußen, oder sie erstickt. Naheliegend war eine Kupfer Verschluss Kappe von 30mm Durchmesser die in der Kältetechnik verwendet wird. Auch bei dieser Konstruktion gab es keine wesentliche Verbesserung. Die Flamme konnte sich ungestört entfalten, aber die Wärme staute sich unter der Kappe. Jede Konstruktion hatte eine gute wie eine schlechte Eigenschaft. Entweder wirkte es sich negativ auf die Leistung oder auf die Flamme aus. Schlussendlich hat sich der ganze Aufwand nicht gelohnt. Der Erhitzer ist nur ein Teil vom Stirlingmotor, aber ich musste mir sicher sein, dass jede Komponente zu 100% ausgereizt war.

Verbesserte Wärmeübertragung

In die Dosen wurden Kupferstäbe mit einer Stärke von 2-4 mm hineingelötet. Beim einlöten habe ich Silber mit einem Schmelzpunkt von 260 Grad Celsius.

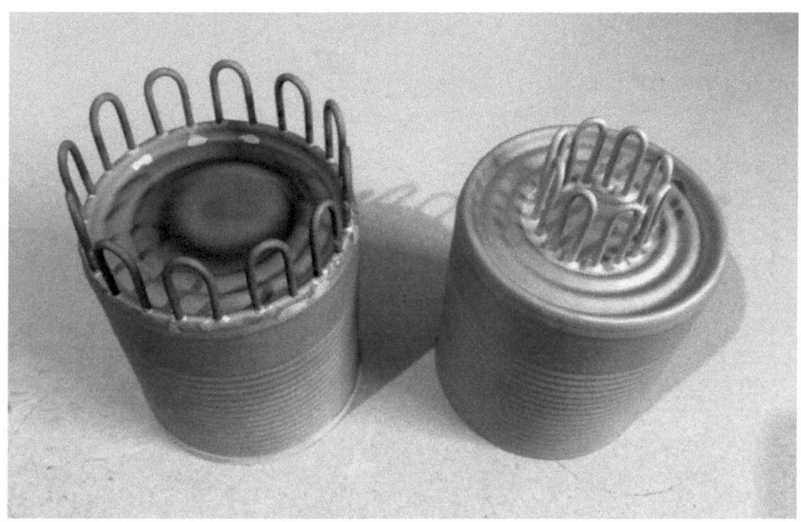

FELIX®
Rote
Kidney-Bohnen
fein
gegart

Erhitzer aus Kupfer

Luftkühlung

Kühlrippen - Finnen

Die Fläche eines Kühlers kann nicht groß genug sein. Deshalb sollte darauf geachtet werden, dass genügend Kühlrippen angebracht sind. Der Kühler hat die Aufgabe die Wärme vom Arbeitsgas so gut wie möglich abzuleiten.

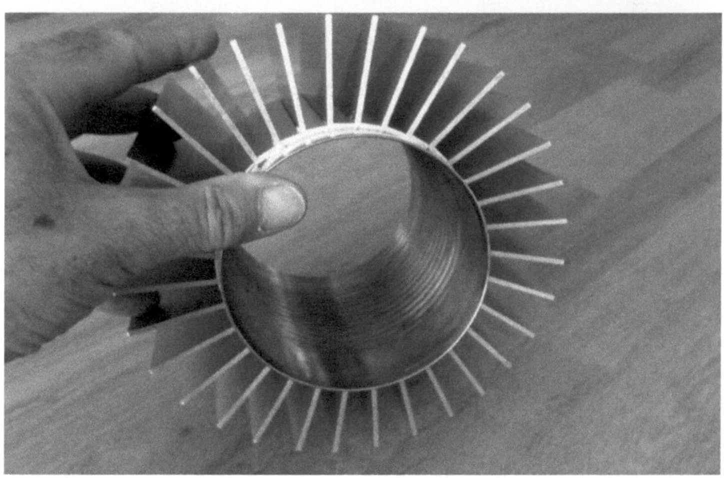

Gussteile

Es gab auch Versuche, Gussteile anzufertigen. Der Aufwand war enorm. Zuerst musste eine Form gefertigt werden, die vorlaufkosten Kosten waren dementsprechend hoch. Auch der Alu Gruß mit der anschließenden Bearbeitung war aufwendig, weshalb ich diese Entwicklung nicht weiterverfolgte. Ein weiterer Grund weshalb ich mit Gussteilen aufgehört habe, waren die Kühlwerte. Die Anzahl der Rippen war beim Aluguss auch begrenzt. Bei einem Dosenmotor konnte ich doppelt so viele Kühlrippen aufkleben. Die Kühlung war damit auch besser. Beim Stirlingmotor handelt es um eine Wärmekraftmaschine. Je größer der Temperaturunterschied zwischen der heißen und kalten Seite, desto besser ist der Wirkungsgrad und dementsprechend die Leistung. Auf den Bildern ist der Unterschied deutlich zu erkennen.

BEACH FLOWER
BIRNEN
halbe Früchte
OHNE ZUCKERZUSATZ
IN FRUCHT SAFT
PREMIUM QUALITÄT

Wasserkühlung

Eine Wasserkühlung bei Stirlingmotoren hat den Vorteil, dass die Wärme sehr gut abgeleitet wird. Deshalb wurden meine ersten Stirlingmotoren alle mit Wasserkühlung ausgestattet. Ein weiter Vorteil bestand darin, dass der Aufwand geringer war als bei einer Luftkühlung die doch mehrere Kühlrippen benötigt um die Kühlung zu erreichen. Bei der Wasserkühlung braucht es nur eine größere Dose die am Stirlingmotor mit Silicon abgedichtet wird, zwei Anschlüsse und die Wasserkühlung war fertig.

Weißblech und Wasser

Von einer Wasserkühlung mit Blechdosen kann ich nur abraten. Nach einem Jahr musste ich leider feststellen, dass sich ein Loch in den Stirlingmotor hineingefressen hat. Auch der Wassermantel war stark angegriffen. Aus welchem Grund sich die Dosen zersetzten, kann ich nur mutmaßen. Meiner Ansicht nach lag es am Material, da kaltgewalzte Stahlbleche (Weißbleche) von 0,1 - 0,5 mm - aus dem die meisten Dosen bestehen - mit einer dünnen Schicht Zinn überzogen sind. In Verbindung mit Wasser vermute ich, dass eine Art von Elektrolyse zum Lochfraß führte. Diesem Problem bin ich nicht weiter nachgegangen. Es folgte der Entschluss, dass ich nur noch luftgekühlte Stirlingmotoren baute. Damit brauchte ich auch keinen Kühlkreislauf mit Pumpe und Schläuchen wie auch einen zusätzlichen externen Kühler. Sinnvoll ist eine Wasserkühlung nur bei Stirlingmotoren bei höherer Leistung, die an einer Zentralheizung von einem Gebäude angeschlossen sind. Auf ein anderes Material wollte ich auch nicht umsteigen. Später habe ich weitere Vorteile von Blechdosen festgestellt. Die Entscheidung bei Dosen zu bleiben war die richtige.

Verdränger

Die Aufgabe eines Verdrängers

Der Verdränger hat die Aufgabe das Arbeitsgas von einer zur anderen Seite zu verschben. Dabei gibt es verschiedene Bauarten. Eine Variante wäre nur ein Verdränger ohne Regenerator zu verwenden. Die andere wäre den Regenerator gleich am Verdränger zu befestigten. Dabei sollte darauf geachtet werden, dass die ganze Konstruktion nicht zu schwer wird. Er könnte sich durch sein Gewicht auch ablösen. Wenn sie einen Verdränger mit Regenerator wählen, wird sich das zusätzliche Gewicht auf die Drehzahl auswirken. Für meinen Hitec Motor kam nur eine Variante in Frage, nämlich die erste, den Regenerator seitlich am Motor zu befestigt. Mit dieser Konstruktion konnte ich einen Teflon Zylinder einbauen, damit es im inneren zu keinem Verschleiß kam. Es hat sich gezeigt, dass der Kolben nach Wochen im Dauerlauf keine Schleifspuren aufwies. Bei Versuchen hat es sich herausgestellt, dass sich der Regenerator bei schneller Bewegung, der eine gewisse Masse hat, sich vom Verdränger lösen kann. Ein weiterer Punkt der zu beachten ist, dass der Spalt zwischen Regenerator und Motor nicht zu groß gewählt wird. Das Arbeitsgas würde ohne Regeneration ungenutzt vorbeiströmen. Es ist eine Gratwanderung, wenn der Regenerator - meistens Stahlwolle - wiederum zu groß gebaut wird. Dann schleift er an der Zylinderwand und die Reibungsverluste würden den Stirlingmotor abbremsen. Der Stirlingmotor hat so viele Vorteile, aber leider auch einige Nachteile. Einer davon ist das er ohne Öl und ohne Schmierstoffe auskommt. Gerade hier liegt einer seiner Schwachpunkte. Begründung! Das Öl würde im inneren verkoken und sich am Erhitzer ablagern und eine Schicht Ruß bilden, die isoliert. Deshalb sollte auf keinem Fall Öl oder Fett verwendet werden. Bei meinem Motor wird der Verdränger in einem selbstschmierenden Teflon Zylinder geführt, um lange Laufzeiten zu erreichen. Ein Verdränger sollte auch mehrere Prallplatten im Inneren besitzen. Die Prallplatten haben die Aufgabe die Hitze abzuhalten. Sie würde nur unnötig den Kühler belasten. Zudem sollte ein Verdränger aus verschiedenen Gründen leicht sein. Die Belastung für alle Teile wäre nicht so groß und der Stirlingmotor kommt nach dem Start gleich auf Touren. In der Leistungsklasse von 2 Watt sollten alle Punkte beachtet werden, die Reibungsverluste, Shuttle Verluste und die ungenutzten Wärmeströme über die Zylinderwand. Nur so kann sich die Wärmeleistung von einem Teelicht mit 50 Watt in

Verdränger mit Regenerator

Regenerator

Ein Regenerator ist ein Wärmespeicher der kurzzeitig Wärme aus dem Arbeitsgas speichert und wieder abgibt. Wenn das Arbeitsgas vom kalten in den warmen Teil und umgekehrt verschoben wird, ändern sich die Drücke in der Maschine. Diese Druckunterschiede wirken sich auf den Arbeitskolben aus, der dadurch in Bewegung versetzt wird. Der Regenerator hat nur die eine Aufgabe, beim Durchströmen von Arbeitsgas die Wärme kurzzeitig abzuspeichern damit das Arbeitsgas nicht völlig aufgeheizt bzw. abgekühlt werden muss. Er dient als Wärme-Schwamm. Meiner Meinung nach ist der Regenerator das wichtigste Teil in einem Stirlingmotor. Auf dieses Teil sollte besonders geachtet werden. Wer einen effizienten Stirlingmotor mit hohem Wirkungsgrad bauen möchte sollte folgendes beachten: Der Regenerator sollte nur so klein und nur groß gebaut werden wie notwendig. Wenn er zu klein gebaut wird, kann er die Wärme nicht vom Arbeitsgas aufnehmen und abspeichern. Wird er zu groß gewählt, entstehen Strömungswiderstände und der Stirlingmotor bremst sich selber ab, er kommt aber nicht auf Touren. Meine ersten Stirlingmotoren hatten alle einen Regenerator aus Stahlwolle, der Aufwand war minimal und die Ergebnisse waren nicht schlecht. Später verbaute ich ein Drahtgeflecht was ein höherer Aufwand verursachte. Die Ergebnisse wurden etwas besser, jedoch war ich nicht zufrieden. Die Strömungsverluste waren immer noch zu hoch, weshalb ich einen neuen Regenerator entwickeln musste, der beides berücksichtigt. Er sollte bei geringem Strömungswiderstand und eine maximale Speicherkapazität haben, damit er einen hohen Wirkungsgrad erreicht. Aus dünnem Alu Material formte ich einen Wärmetauscher der sehr aufwendig in der Herstellung war. Das Material wurde sogar poliert, damit es zu keinen Verwirbelungen kam. Für die Entwicklung des gesamten Motors brauchte ich 5 Jahre, für den Regenerator alleine zwei Jahre. Es war ein Regenerator der auch in einem Hitec Stirlingmotor verbaut werden konnte. Somit war es mir erstmals möglich - mit einem Maxi Teelicht was nur 50 Watt hat - einen Stirling Generator zu bauen, der elektrischen Strom erzeugt. Die Wärmequelle von 50 Watt thermisch war damit ausreichend.

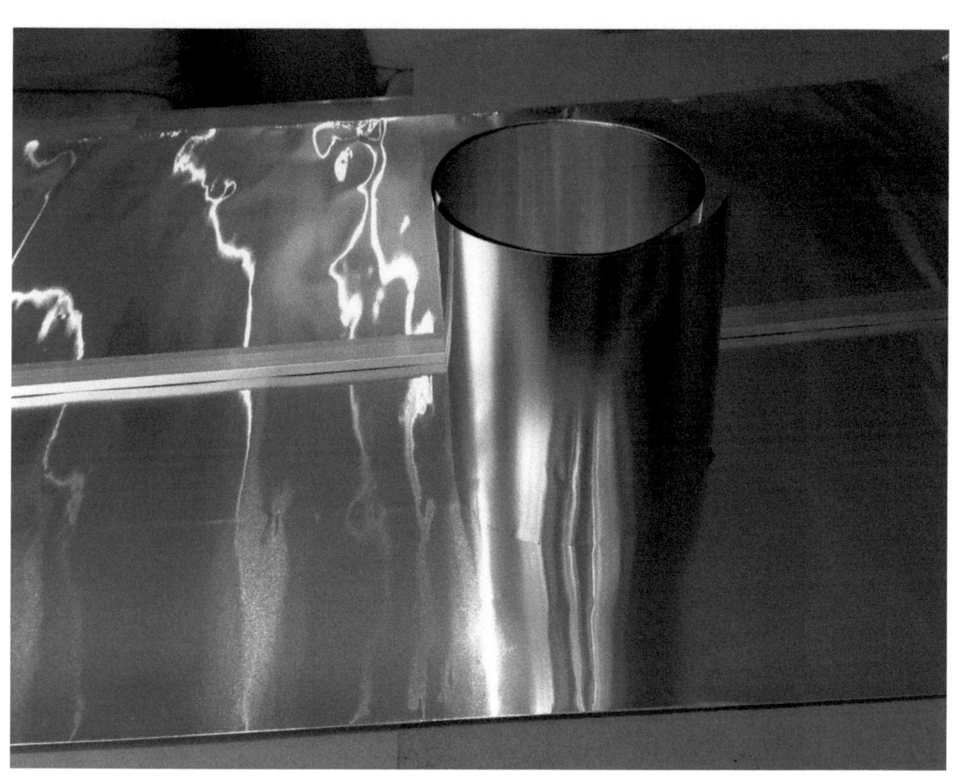

Regenerator aus Aluminium

Stirling Kreisprozess

Totraum

Beim idealen Stirling Prozess sollte der tote Raum so klein wie möglich gehaltenwerden. Das Arbeitsgas das am Kreisprozess nicht teilnimmt vermindert den Arbeitsdruck, der wiederum auf den Kolben wirkt. Deshalb sollte bei der Konstruktion darauf geachtet werden, dass vom Gesamtvolumen der tote Raum nicht mehr als 50% beträgt. Der tote Raum wird zu Recht als schädlicher Raum bezeichnet. Es war mir nicht möglich genaue Untersuchungen zum Totraum zu machen. Theoretisch wird das gesamte Arbeitsgas zwischen Erhitzerraum und Kühlerraum verschoben, es sollte kein Rest in den Räumen sein. In einer realen Konstruktion ist das jedoch nicht möglich, weil Verbindungsleitungen und der sogenannte Regenerator einen gewissen Totraum beinhaltet. Jedoch habe ich die Erfahrung gemacht, je kleiner ich den toten Raum gehalten habe, um so mehr Leistung ist rausgekommen. Das geht jedoch nur zu einem gewissen Grad. Leider ist das nicht so einfach wie es klingt, denn durch eine kompakte Bauweise verstärken sich die Strömungswiderstände, die den Motor wieder abbremsen.

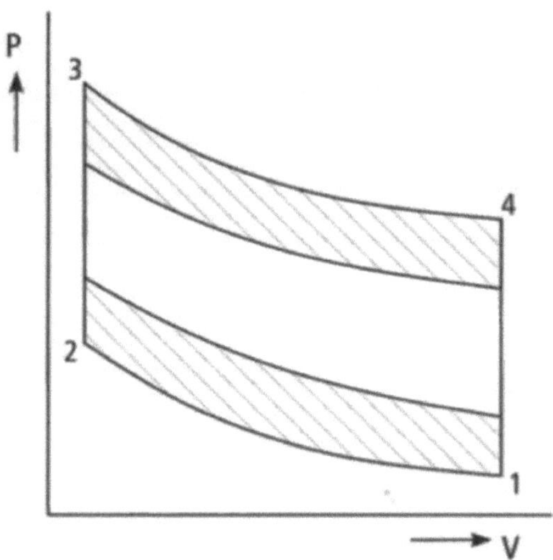

Abb: https://wiki.opensourceecology.de/images/d/dd/Entwicklung_Stirling

Strömungsverluste

Auf die Strömungswiderstände in einem Stirlingmotor muss besonders geachtet werden, gerade wenn Luft als Arbeitsgas verwendet wird. Streichen Sie einmal mit der Hand durch die Luft. Sie werden bemerken, wie Luft an den Fingern vorbei strömt. Auch bei aufgeladenem Hitec Stirling Maschinen mit Helium oder Wasserstoff, bei dem der mittlere Druck bis auf 150 bar erhöht wird, entstehen massive Strömungswiderstände, was sich auf die Leistung auswirkt. Es ist ein konstruktionsbedingtes Problem. Hier ist der Konstrukteur gefordert einen Erhitzer, Kühler wie auch einen Regenerator zu entwickeln der die Wärme gut austauscht und doch wenig Widerstand dem Arbeitsgas bietet.

Diskontinuierliche Kolbenbewegung

Eine Diskontinuierliche Kolbenbewegung hätte den Vorteil, dass die Ecken ideal ausgefahren bzw. der Kreisprozess besser ausgenutzt wird. Dabei müsste der Verdrängerkolben in der heißen und kalten Position kurzweilig verharren. Mit einer Ansteuerung über eine Kurbelscheibe wäre das möglich, dazu gibt es in der Literatur einige Beispiele. Prof. Ivo Kolin aus Zagreb hat erstmals einen Niedertemperatur Motor vorgestellt der das konnte. Es handelte sich um einen Flachplatten Motor den er nach der Sonne ausgerichtet hatte. Kolin zeigte damit auf, dass man über eine gewisse Fläche genügend Wärme aufnehmen konnte und durch eine diskontinuierliche Kolbenbewegung - mit wenig Energie - einen Motor zu betreiben. Jedoch ist die ruckelige Bewegung nur begrenzt brauchbar. Dies funktioniert nur bei langsamer Drehzahl, bei höherer Drehzahl würde der Verdränger - der als schwarze Platte ausgeführt war - durch den Strömungswiderstand gebremst. Bei meiner Freikolben-Stirling-Maschine ist das leider nicht möglich, ich wollte eine höhere Frequenz damit die LED, s nicht flackern.

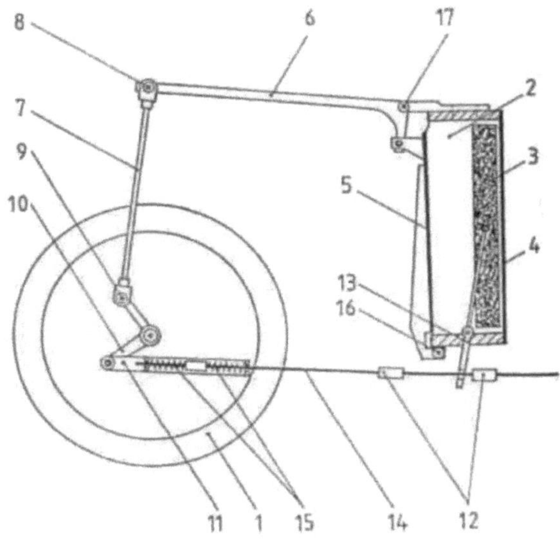

Abb: Pedro Servera († 2005) - Eigenes Werk (Originaltext: eigene)
Skizze Bauteile Kolin Motor;URL: https://de.wikipedia.org/wiki/Flachplatten-Stirlingmotor#/media/Datei:Stirling_motor,_Kolin,_parts.png

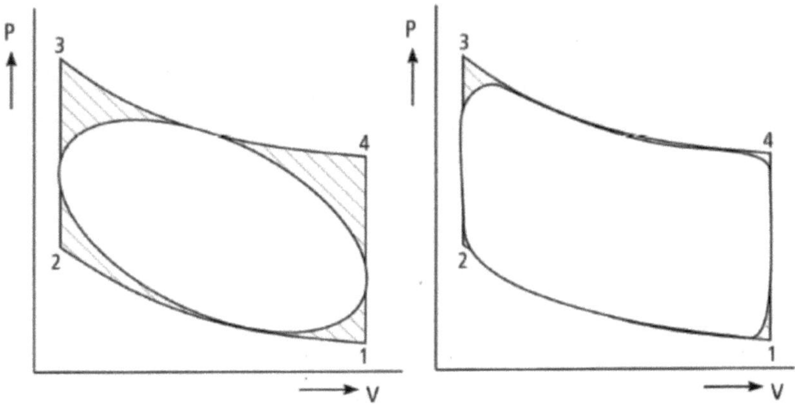

Carnot-Prozess

Sadi Carnot war ein genialer französischer Physiker und Ingenieur und legte 1824 den Grundstein mit der Berechnung von Wärme in mechanische Arbeit. Der Carnotsche-Wirkungsgrad ist ein wichtiger Begriff der Thermodynamik. Er bestimmt den höchst-möglichen theoretischen Wirkungsgrad einer Wärme-Kraft-Maschine. Die Wärmelehre von Sadi Carnot sagt aus, dass überall dort wo ein Temperaturunterschied existiert kann, mechanische Kraft erzeugt wird. Die Wärme ist stets bestrebt von einem heißen in einen kalten Zustand überzugehen. Nach dieser Erkenntnis stellte er Berechnungen auf, die heute noch ihre Gültigkeit hat. Der Carnot-Prozess beschreibt die ideale Umwandlung von Wärme in mechanische Energie.

$$\eta_{Carnot} = \frac{T_{cold}}{T_{hot} - T_{cold}}$$

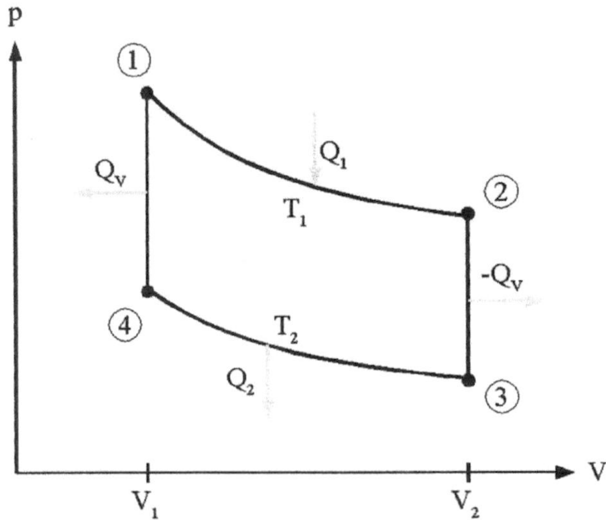

Isotherme Verdichtung 1-2

Während der Kolben im Expansionsraum in seiner Position unmittelbar vor dem Regenerator verharrt, schiebt der Kompressionskolben das Arbeitsgas, dass sich zu diesem Zeitpunkt vollständig im Kompressionsraum befindet, zusammen. Dadurch wird das kalte Gas komprimiert, was gleichbedeutend mit einer Vergrößerung der Dichte ist. Der Druck vom Arbeitsgas nimmt zu. Da das Gas während dieser Kompression in thermischem Kontakt mit der Kühlung steht, erfolgt die Verdichtung bei der unteren Temperatur Tu annäherungsweise isotherm; die Wärme Q12 wird von dem Arbeitsgas an die Kühlung abgeführt.

Isochore Erwärmung 2-3

Der Kompressions- und Expansion Kolben bewegen sich synchron in die gleiche Richtung. Das kalte komprimierte Arbeitsgas wird dadurch von dem kalten Zylinderteil (Kompressionsraum) in den heißen Zylinderteil (Expansionsraum) verdrängt. Das Volumen im Expansionsraum vergrößert sich somit in genau dem Maße, in dem das Volumen im Kompressionsraum kleiner wird. In Abbildung 2.2.3 kann man erkennen, dass das Volumen des eingeschlossenen Arbeitsgases während dieses Vorgangs konstant bleibt. Dabei strömt das Gas durch den Regenerator und nimmt von diesem isochor die Wärme Q23 auf, wodurch es auf die obere Temperatur To gebracht wird. Mit der Wärmeaufnahme geht eine Erhöhung des Drucks des Arbeitsgases einher.

Isotherme Expansion 3-4

Wenn sich der Kompressionskolben im Kompressionsraum in seiner Position verharrt, bewegt sich der Expansionskolben nach links, so dass sich das Volumen des Arbeitsgases vergrößert und der Druck verringert. Dabei steht das Arbeitsgas in thermischem Kontakt mit der Heizung und nimmt von dieser die Wärme auf, so dass die Expansion bei der Temperatur isotherm erfolgt.

Isochore Abkühlung 4-1

Kompressions- und Expansion Kolben bewegen sich synchron nach rechts. Dadurch wird das heiße Arbeitsgas von dem heißen Zylinderteil in den kalten verschoben. Beim Strömen durch den kalten Regenerator gibt das Gas die Wärmemenge Q41 isochor an den Regenerator ab, wodurch seine Temperatur auf Tu absinkt. Das Arbeitsgas erreicht somit den Kompressionsraum wieder auf dem tiefen Temperatur Niveau, auf dem es ihn beim Überschieben vom Zustandspunkt 2 zu Zustandspunkt 3 verlassen hat. Der Druck im Zustandspunkt 1 liegt niedriger als im Zustandspunkt 2, weil das im Kompressionsraum eingeschlossene Volumen größer ist.

Shuttle Verluste

Wie entstehen die sogenannten Shuttle Verluste. Wenn der Verdrängerkolben im Erhitzer sich erwärmt, dann in Kühler in den kalten Bereich bewegt gibt er die gespeicherte Wärme ungenutzt ab. Das heißt, die Wärme nimmt nicht am Stirling Kreisprozess Teil, die Wärme wird vom Verdränger ungenutzt verschleppt und belastet nur den Kühler der wiederum größer gebaut werden müsste. Damit sich die Shuttle Verluste in Grenzen halten, sollten Prallplatten im heißen vorderen Teil des Kolbens eingebaut werden. Die Prallplatten verhindern, dass die Wärme im inneren hochsteigt und ungenutzt den Kühler belastet. Beim idealen Stirling Kreisprozess wird die Wärme vom Arbeitsgas aufgenommen durch den Regenerator geführt und erst dann im Kühler abgekühlt.

Reibungsverluste

Auf die Reibungsverluste bei einem Dosen Stirlingmotor muss besonders geachtet werden. Wenn ein Dosen Stirlingmotor die 5 % Wirkungsgrad erreichen soll dann muss er leicht laufen. Der Verdrängerkolben sollte die Zylinder Wand nicht berühren. Leider ist das nicht möglich. Es ist eine Gratwanderung. Ein gewisser Kompromiss muss eingegangen werden damit der Spalt vom Verdränger zur Zylinderwand nicht zu groß wird. Das Arbeitsgas würde nicht durch den Regenerator gedrückt und würde damit nicht am Kreisprozess teilnehmen.

Selbstanlauf

Ein Selbstanlauf bei einem Stirlingmotor ist möglich. Ja das geht, aber unter bestimmten Voraussetzungen. Der Temperaturunterschied zwischen Erhitzer und Kühler muss genügend groß sein. Es sollte sich um eine Freikolbenmaschine handeln die sich durch den kleinsten Impuls hochschwingen kann. Die Kolben dürfen nahezu keine Reibung an der Zylinderwand aufweisen. Deshalb verwende ich Membrane bzw. einen Gummi als Arbeitskolben. Am besten geht das mit einer sehr dünnen Membran, ein Luftballon ist hier sehr gut geeignet. Aber bei einer so dünnen Membran ist die Lebensdauer sehr gering. Nach nur wenigen Stunden wird er reißen. Auch hier habe ich lange probiert bis ich das geeignete Material gefunden habe. Bei den anderen Modellen die ich gefertigt habe genügte ein leichter Klopf auf den Tisch und er ist angelaufen.

Ein dichter Arbeitskolben

Ein weiter Punkt der nicht unterschätzt werden sollte ist die Dichtigkeit vom Arbeitskolben. Auf den Arbeitskolben entsteht ein Druck der in Leistung umgesetzt wird. Wenn jedoch der Arbeitskolben undicht ist geht Druck verloren. Wenn das Arbeitsgas am Kolben vorbei strömt vermindert sich der Druck, die Maschine verliert an Leistung. Der Kolben muss dich sein, aber er sollte auch leicht im Zylinder laufen. Bei größeren Motoren werden Kolbenringe eingesetzt, bei kleineren Modellen wird er in den Zylinder eingepasst. Der Aufwand ist dementsprechend groß, es braucht eine Werkstatt mit den entsprechenden Maschinen. Diesem Problem bin ich aus dem Weg gegangen in dem ich eine Membran als Arbeitskolben einsetzte. Es klingt so einfach, aber eine Membran bringt seine eigenen Probleme mit. Es gibt bei den Membranen einen Schwachpunkt, dieser liegt an der inneren Befestigung. An dieser Stelle befindet sich die größte Belastung. Durch das ständige auf und ab bewegen reibt sich die Halterung an der Membran. Hier scheuert er durch. Es dürfte sich um das Hauptproblem handeln. Es mussten unzählige Halterungen anfertigt werden, bis sich eine bewährte. Der Stirlingmotor ist Tag und Nacht gelaufen, nur so konnte ich feststellen, wie langlebig die Konstruktion schlussendlich war. Ein weiter Vorteil war, das Membran war in kürzester

Zeit ausgewechselt. Anfangs gab es einen Schnellverschluss, er wurde später mit einer fixen Befestigung ersetzt.

Wirkungsgrad und Drehmoment

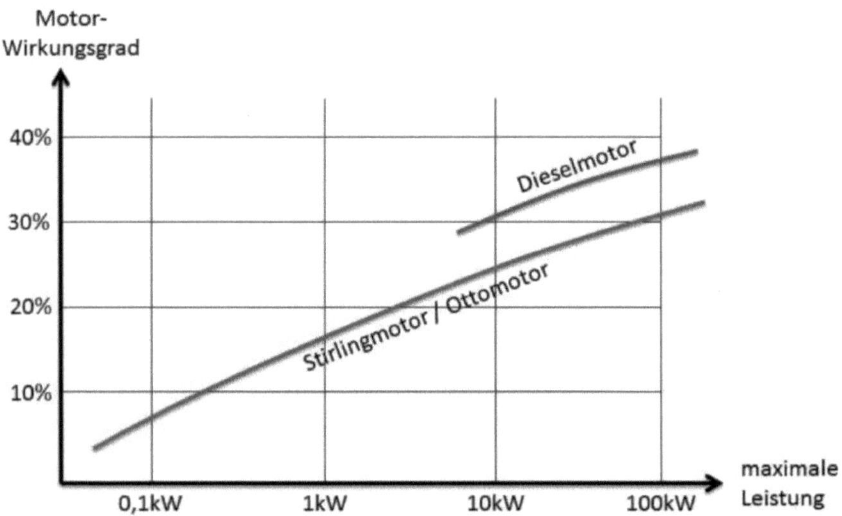

Ofenbau

Der Ofen wurde mit Keramikwolle isoliert damit die Wärme nicht verloren geht. Innen wurde eine zusätzliche Dose eingebaut. Sie dient als Brennraum, die verhindern soll, dass die Flamme die Isolierung verrußt. Zusätzlich wird die Wärme von der inneren Dosenwand abgestrahlt. Sie wird vom Erhitzer aufgenommen und dem Stirling Kreisprozess zugeführt. Jedes Watt an Wärme das vom Teelicht abgegeben wird muss genutzt werden. Nur so kann man mit einem Maxi Teelicht das nur 50 Watt an Wärmeleistung liefert einen Dosen-Stirling-Generator zum Laufen bringen.

Ofen: Höhe 156 mm, Durchmesser 155 mm

Brennkammer Einsatz: Höhe 115 mm, Durchmesser 100 mm

Isolierung: 5 Lagen Keramikpapier, 2 Lagen für den Einsatz

Keramikisolierung

Bewährt hat sich Keramikwolle wie auch Keramikpapier mit 5 - 6 mm Stärke. Für die Isolierung der Brennkammer wurden mehrere Lagen zusammengeklebt und danach mit einem Klingenmesser der Eingang am Ofen ausgeschnitten. Keramikisolierung hält eine thermische Belastung bis 1000 Grad Celsius aus. Sie wird gerne beim Ofenbau eingesetzt, sie lässt sich gut verarbeiten und wenn man eine ganze Rolle bestellt dann hält sich der Preis - für einen einzelnen Ofen - auch in Grenzen. Die Hitze die durch eine solche Konstruktion entsteht, sollte nicht unterschätzt werden. Achtung! Das Teelicht kann auch überhitzen, wenn das eintritt sollte es mit dem Boden Thermisch verbunden sein.

Keramikpapier

Keramikpapier lässt sich mit einem Sprühkleber gut zusammenkleben, Wenn sie mehrere Lagen aufeinander kleben dann können sie genau die stärke an Isolierung erreichen die sie benötigen. Bei meinem Ofen waren es 5 Lagen mit einem 5-6 mm dicken Keramikpapier. Der oberen Rand kann mit einem Klingenmesser Plan abgeschnitten werden. Beim unteren Teil können sie einen Keil herausschneiden damit das Maxi-Teelicht gut eingebracht werden kann. Es gibt verschiedene Stärken an Keramikpapier das sie kaufen können, wenn sie sich für ein dünneres Material entscheiden dann können sie auch kleine Öfen damit austaten.

Kork als Wärmedämmung

Es gab versuche mit Kork als Wärmedämmung im Brennraum. Ein Vorteil von Kork ist die gute Dämmeigenschaft. Zudem ließ er sich gut verarbeiten, auch die Kosten hielten sich im Rahmen. Die Energie von 50 Watt, was ein Maxi Teelicht entspricht, sollte dem Erhitzer vom Stirlingmotor zugeführt werden. Mit der Dämmung wird vermieden, dass die Wärme an den Wänden der Dose sinnlos verpufft. Jedes einzelne Watt wird benötigt, damit dieser hohe Wirkungsgrad erreicht wird. Es stellte sich in der Testphase heraus, dass die Wärmedämmung von Kork sehr gut ist, jedoch entstand ein ständiger Geruch von verbranntem Kork im Raum. Ein Schutzblech vor dem Kork verminderte die Geruchsbildung, jedoch musste mit der Maßnahme ein weiterer Teil konstruiert angefertigt und eingebaut werden. Der Aufwand stand nicht dafür, weshalb ich nach weiteren Materialien suchte. Ein weiteres Problem bestand bei Kork als Isolierung. Wenn Kork mit einer Flamme in Berührung kommt verkohlt er und bildet problematische bzw. giftige Gase. Für mich ist Sicherheit das obersten gebot, in der Vergangenheit habe ich doch schon einige negative Erlebnisse - mit einer offenen Flamme - gehabt. Ich erzähle ihnen noch von einem Unglück, was ich auf einer Messe erlebt habe. Bei der Vorführung auf einem Ausstellungsstand wurden Holzheizungen vorgestellt, im Vordergrund lief mein Stirling-Motor. Mein Stirling-Motor war so Interessant, dass viele Leute um den Tisch gestanden sind und sich an diesem Motor erfreuten. Irgend jemand hat gegen den Tisch gestoßen und der Motor ist umgefallen. Normal ist das nicht tragisch, aber hier ist das überhitzte Wachs ausgelaufen und hat sich großflächig entzündet. Zum Glück ist nicht viel passiert, aber einen ordentlichen Schrecken habe ich dabei schon bekommen.

Schamotte im Ofenbau

Schamottsteine, Platten oder Mörtel werden gerne im Ofenbau eingesetzt. Hier handelt es sich um ein feuerfestes Material das über 1000 Grad Celsius aushält. Schamottstei-ne sind sehr robust und sie lassen sich "relativ" gut bearbeiten. Es war naheliegend, dass ich dieses Material ausprobieren bzw. bei meinem Ofen einsetzen werde. Die Ver-arbeitung mit dem zuschneiden der Schamottsteine war eine staubige Angelegenheit. Schnell wechselte ich zum Mörtel. Auch dieser hinterlässt beim Ausgießen der Dosen und nach dem Aushärten viel Dreck. Ein Vorteil war das Gewicht. Es stellt sich heraus, dass die Vibrationen nahezu verschwanden und der Freikolben Stirlingmotor dadurch keine Schwingung aufbauen konnte, die sich negativ zur Eigenfrequenz auswirken. Der ganze Aufwand und der Dreck der entstanden ist bewog mich jedoch auf ein anderes Material umzusteigen. Ein weiteres Experiment mit PU Schaum schaute anfangs viel-versprechend aus. Die Isolierwerte waren gut, das überschüssige Material ließ sich gut wegschneiden. Jedoch bestand Brandgefahr, wenn Paraffin ausläuft und sich entzündet. Ein Speise Ölbrenner konnte auch nicht eingesetzt werden, er hatte noch mehr an Wär-meleistung wie ein Teelicht, es bestand die Gefahr das der PU Schaum zum Brennen kommt.

Wärmequellen

RAL Gütezeichen

Es gibt sehr große Unterschiede in der Brenndauer und der Qualität von Teelichtern. Das RAL Gütezeichen steht für Qualität, damit ein bleifreier Docht und keine gesundheitlichen Mengen an Stoffen wie Dioxine, Benzol oder Schwefel verwendet werden. Ein weiterer wichtiger Punkt ist die Stärke des Dochtes. Die Flamme sollte die Energie erzeugen die benötigt wird um einen Stirlingmotor zu betreiben. Bei Versuchen hat sich eine Marke von Teelicht bewährt, erhältlich bei dm-Drogerie Markt für 2,40 Euro mit einer Brenndauer von 10 Stunden. Die Flamme war ausreichend hoch, es gab keine Geruchsbildung und die Leistung war bei ca. 50 Watt.

Wenn sich eine Krone am Ende des Kerzendochts bildet, ist das eine Verrußung. Die Leistung der Flamme wird dadurch gemindert und es bildet sich ein unangenehmer Geruch im Raum. Zudem entstehen Rauchgase die gesundheitsgefährlich sind. Einer der Gründe dafür könnte sein, dass durch die Isolierung im Brennraum das Wachs überhitzt. Das Ganze ist eine Gratwanderung. In einem wollte ich die komplette Wärme von Teelicht nutzen und zum anderen durften sich keine Rauchgase bilden. Dieses Problem habe ich damit gelöst, in dem die Schale von Teelicht über den Boden des Ofens gekühlt wurde. Es waren einige Konstruktionen nötig bis sich eine schöne Flamme bildete und sich auf dem Docht keine Rußpartikel mehr bildeten. Die Leistung vom Teelicht wurde auch einiger Maßen erreicht um den Motor zu betreiben. Bedenke, ein Teelicht hat nur 50 Watt, weshalb alle Komponenten auf das letzte ausgereizt werden mussten, damit am Ende elektrischer Strom aus dem Stirling Stromgenerator herauskommt.

Brandgefahr

Eine Unvorsichtigkeit von mir führte zu einer Zerstörung von einer meiner Freikolben-Stirling-Maschinen. Eine Teelichtschale hatte einen Riss was ich nicht bemerkte und so konnte das heiße Wachs auslaufen und füllte den Brennraum mit flüssigem Wachs. Das Wachs was generell durch die Isolierung des Brennraums sehr heiß wird, erreichte die Zündtemperatur. Das Wachs entzündete sich worauf die Flamme aus dem Brennraum bis zum Generator reichte. Der Motor der nur geklebt ist wurde damit völlig zerstört. Es gab in den Jahren meiner Entwicklungen einen weiteren Vorfall bei dem ich Bienenwachs getestet habe. Die Standard Alu Schale war zu klein und so konnte flüssiges Bienenwachs über die Schale laufen und es kam zu einem weiteren Brand, der auch eine Maschine zerstörte. Ich möchte ausdrücklich auf diese Gefahren hinweisen, sie sollten nicht unterschätzt werden. Sicherheit geht vor! Weitere Tests wurden in einem Alu Teller durchgeführt. Der Motor lief nicht nur am Tag, sondern auch in der Nacht. Somit konnte ich die Lebensdauer aller Komponenten am Motor testen.

Speiseöl Brenner

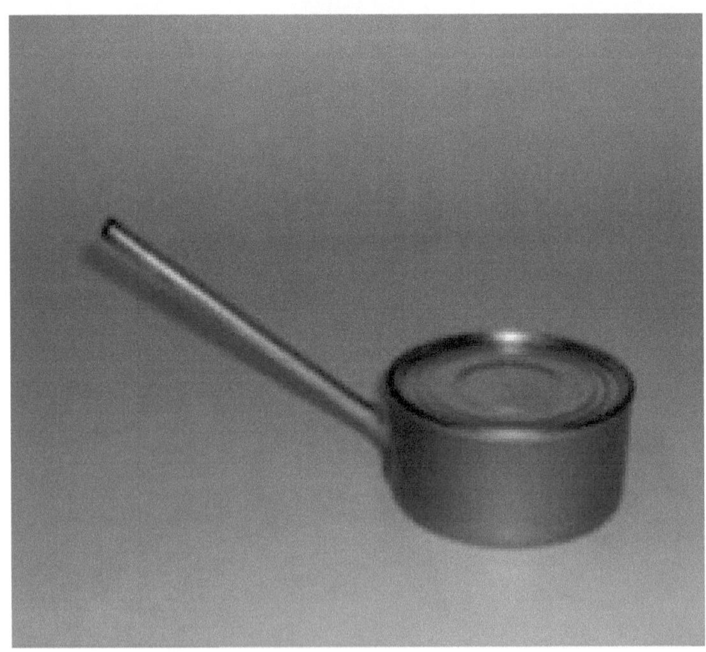

Generator

Linear Generator

Die großen Freikolben-Stirling-Maschinen benötigen normalerweise einen linearen Generator mit Eisenkern zur Stromerzeugung. Bei meinen Stromgeneratoren die ich gebaut habe genügte eine Induktionsspule bei der sich innen ein Dauermagnet auf und ab bewegte. Durch die geringe Leistung von 2 Watt konnte ich mir eine weitere Entwicklung ersparen. Damit jedoch eine Sinuswelle heraus kam, musste darauf geachtet werden, dass der Nord- wie auch der Südpol in die Spule eintauchte. Bewährt haben sich Neodym Magnete mit einer länglichen Bauform. Die Spule sollte so konstruiert werde, dass beide Pole etwas herausragen. Es waren doch einige Spulen notwendig bis die passende Form gefunden wurde. Geeignet hat sich eine flache Spule mit einem 0.01mm Kupferdraht mit sehr viel Windungen. Eine genaue Windungszahl kann ich nicht angegeben. Der Draht wurde mit einer Bohrmaschine aufgewickelt. Ein weiterer Vorteil von dieser schmalen Spule war ein ruhiger Lauf beim Stirlingmotor, er reagiert nicht auf jeden Lastwechsel, wenn LED, s zu oder abgeschaltet wurden. Bei einer weiteren Entwicklung ist der Stirlingmotor sogar auch bei einem Kurzschluss weitergelaufen. Die Frequenz hat sich etwas gesenkt, jedoch ist er nicht stehen geblieben. Eine flache Konstruktion der Spule die weniger effektiv ist wurde aus weiteren Gründen notwendig. Während der Startphase, wenn die Flamme von Maxi Teelicht noch nicht die volle Leistung erbrachte, ist der Motor trotzdem angelaufen. Auch ein Luftzug der die Flamme zum Flackern brachte, konnte den Stirlingmotor nicht aus der Ruhe bringen, er ist einfach weitergelaufen. Die LED, s gingen so lange aus, bis die Flamme wieder genügend Wärmeleistung brachte, die der Stirlingmotor benötigt um den elektrischen Strom zu erzeugen.

Induktionsspulen zur Stromerzeugung haben den Vorteil, dass sie keinen Eisenkern brauchen. Sie können bei kleinen Leistungen gut eingesetzt werden. Der bauliche Aufwand ist gering. Benötigt wird ein Spulenkörper auf dem ein dünner Kupferdraht aufgewickelt wird. Je höher die Windungszahl ist, um so höher ist die Ausgangsspannung.

Eine Induktion funktioniert nur wenn ein elektrischer Leiter in einem Magnetfeld bewegt wird. Bei meinen Stirling Freikolben Motoren wird jedoch ein Dauermagnet in einer Spule bewegt. Das hat den Vorteil das die zwei Drähte die von der Spule kommen nicht bewegt werden müssen. Damit können sie einen Leiterbruch vermeiden. Sie können über ein kleines Loch die Leiter oder ein Kabel aus dem Gehäuse führen und luftdicht verkleben.

Neodym Magnete

Neodym Magnete können heutzutage relativ günstig erworben werden. Der Online Handel bietet sie in allen Größen und Formen an. Die Befestigung an einer Membran stellte sich jedoch als eines der größten Herausforderung heraus. Die Blechdosen sind aus Eisen und deshalb magnetisch, weshalb der Dauermagnet einen gewissen Abstand vom Gehäuse haben musste. Damit der Neodym Magnet nicht vom Eisen beeinflusst wurde musste ein Abstandhalter der nicht magnetisch war, zwischen Membran und Spule eingesetzt werden. Der Generator konnte so ungestört elektrischen Strom erzeugen. Neodym Magnete sind sehr stark und das ist gut so. Damit der Magnet nicht den Spulenkörper berührt, musste auch hier ein Spalt von 2 mm eingehalten werden. Einer der Nachteile, je größer der Spalt ist um so weiter ist der Magnet vom von der Kupferspule entfernt und kann damit nicht die volle Kraft auf die Spule ausüben. Ist der Spalt zu klein, dann könnte der Magnet die Spulenkörper berühren und so durch Reibung wiederum Kraft verlieren.

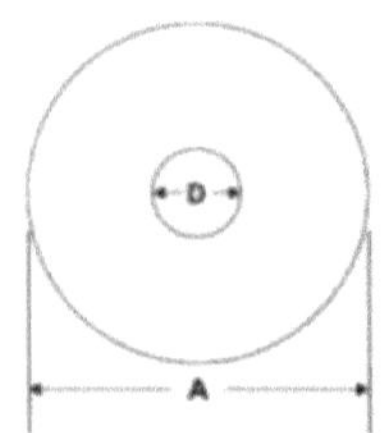 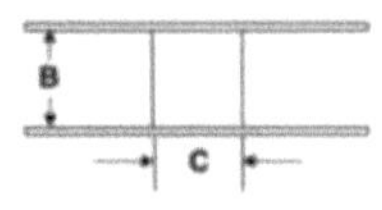 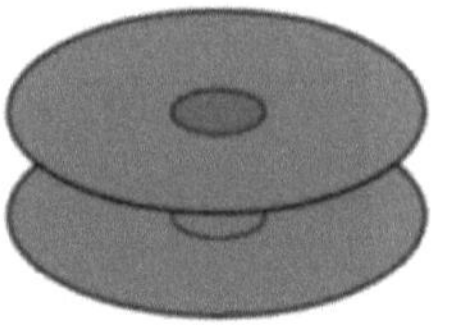

B/N	A	B	C	D
1569248	50mm	25mm	22mm	20mm
1572882	80mm	15mm	25mm	19mm
1565882	100mm	30mm	25mm	17mm

Specification
Material: PP
Color: Blue
Operating Temperature: -10 ~ 60°C
Storage Temperature: -10 ~ 60°C

Dimension: ± 2 mm

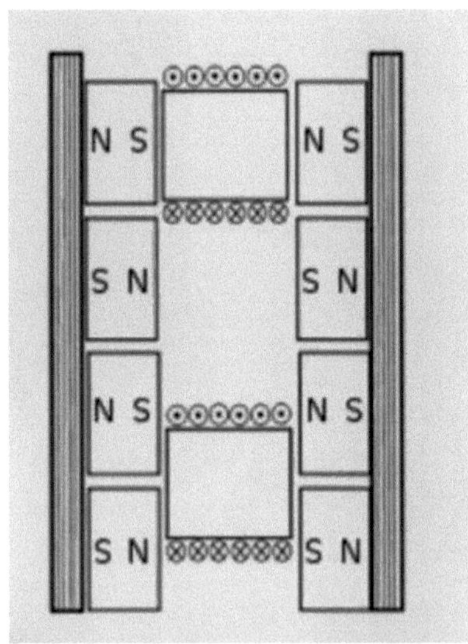

Abb: ©Mikiemike (talk) 20:27, 11 February 2008 (UTC) - Eigenes Werk (Originaltext: self-made)
A linear motor or alternator

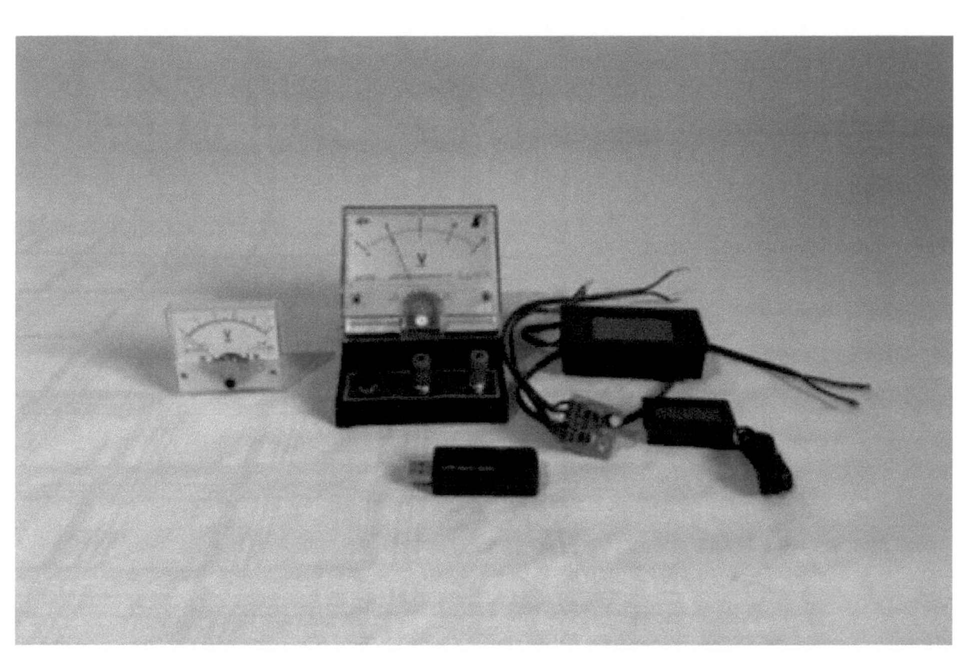

Weitere Konstruktionen

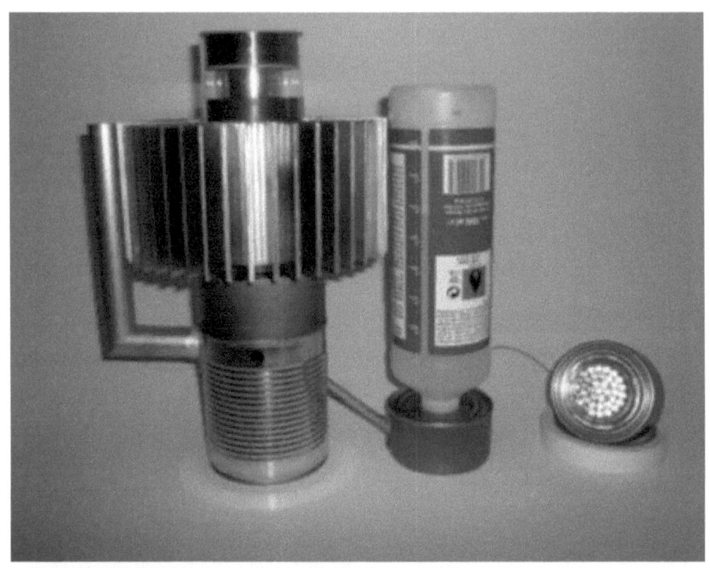

Aufladung von Stirlingmotoren

Bei dieser Abbildung handelt es sich um einen hermetisch abgedichteten Prototyp. Mit dieser Anordnung konnte ich erstmals Tests mit Überdruck durchführen. Getestet wurde Luft, Stickstoff und Helium als Arbeitsgas. Aus Sicherheitsgründen wurde der Mitteldruck auf maximal 10 Bar begrenzt. Ein Schwachpunkt war der Erhitzer, er war aus zwei Teilen mit Hartlot zusammengelötet. Ein Gasbrenner befeuerte den Motor. Mit einem Mitteldruck von 10 Bar und der hohen Hitze hat sich der Erhitzer leicht ausgebeult, weshalb ich diese Konstruktion nicht weiterverfolgte. Ein unnötiges Risiko wollte ich nicht eingehen, Sicherheit geht vor. Auch das Abdichten wurde zur Herausforderung. Helium stellte sich als Arbeitsgas als besonders flüchtig heraus. Gestartet wurde der Motor mit einem Impuls. Eine der Startmöglichkeiten war ein leichter Schlag mit einem Hammer auf den Motor. Eine weitere Möglichkeit den Motor zu starten war ein kurzer Stromstoß über das Kabel, das ins Innere zur Spule führte. Auch bei diesem Motor gab es keine geeignete Messanlage, die Frequenz konnte nur durch das hin und her bewegen vom Manometer grob geschätzt werden. Die Kühlung stellte sich als weiteren Schwachpunkt heraus, von einem Umbau habe ich dann abgesehen. Es war damit der einzige Versuch mit der Aufladung die Leistung eines Stirlingmotors zu steigern.

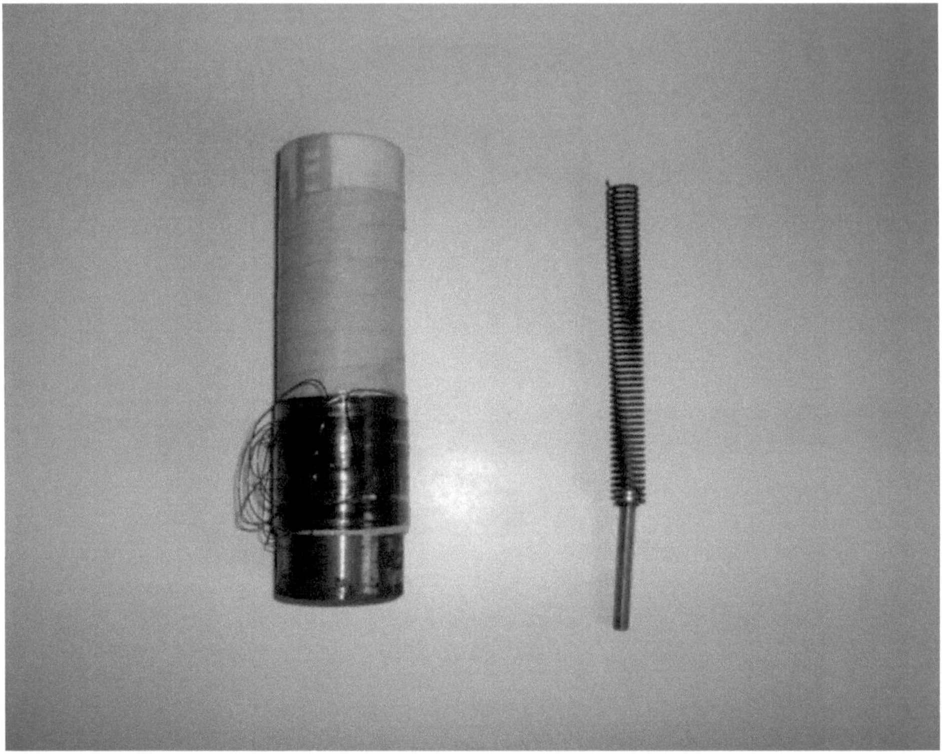

Ringbom - Stirling - Motoren

Beim sogenannten Ringbom-Stirling-Motor handelt sich um eine ursprüngliche Gama Version, die jedoch von einem eigenen Steuerkolben (SK) angesteuert wird. Normalerweise überträgt der Arbeitskolben die Kraft auf eine Kurbelwelle die wiederum in eine Drehbewegung umgewandelt wird. Bei meinen Prototypen wird die Kraft, linear über einen Lineargenerator, also über eine sogenannte Induktionsspule direkt in Strom umgewandelt. Die Frequenz bei diesen Motoren ist nicht sehr hoch. Auch ein Anschlagen des Steuerkolben im unteren Bereich am Erhitzer, wie auch im oberen Bereich im Kühler ist zu gut hören. Durch das Anschlagen (Klopfen) weiß ich das kein unnötiger Totraum vorhanden ist, weil der Verdränger beide Wärmetauscher, den warmen wie auch den kalten Raum komplett abdeckt.

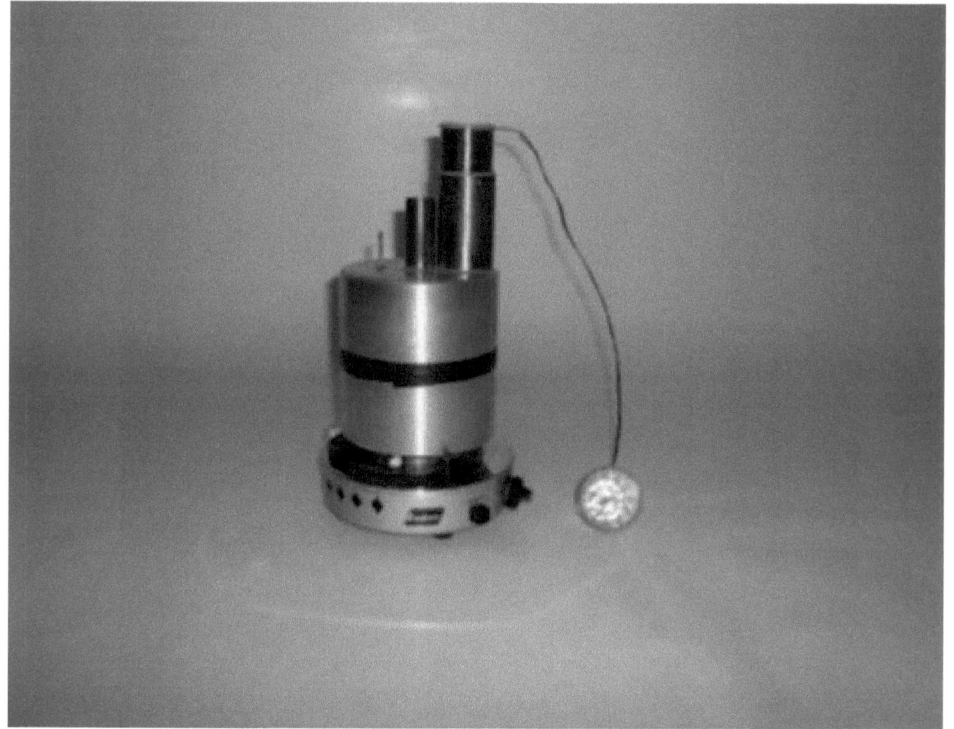

Stirling - Membran - Motoren

Bei allen unten angeführten Prototypen handelt sich um Freikolben Stirling Motoren bei denen ein Membran für den Arbeitskolben wie auch der Steuerkolben verwendet wurde. Bei einer Anordnung wurde der Arbeitskolben durch vier Stück 6 mm Röhrchen nach oben verlegt. Damit konnte die Bewegung von Steuerkolben der bei dieser Maschine als Membran ausgeführt war, sichtbar gemacht werden. Mit Gewichten konnte das Hubvolumen wie auch die Frequenz verändert werden. Es war eine Testreihe mit unterschiedlichen Versuchen um das Verhalten von Steuerkolben zum Arbeitskolben zu untersuchen. Durch einen Erdgasbrenner hatte ich genügend Wärmeenergie um verschiedene Zustände im Betrieb auszutesten. Der Aufwand für diese Konstruktion hielt sich in Grenzen. Es waren wenige Teile die mit Epoxidharz zusammengeklebt waren. Das Membran war ein Gummi, es waren einfache Luftballons die ihren Dienst verrichteten. Damit konnte ich genügend Erfahrungen sammeln für weitere Freikolben Stirling Maschinen die folgten.

Neuartiges Freikolben Designe

Bei dieser Anordnung wird der Druckunterschied über 4 Alu Rohre nach oben geleitet. Dieses Designe ermöglicht einen offenen Zugang zum Verdrängerkolben. Mit kleinen Gewichten können sie die Frequenz bestimmen. Der Stirling-Freikolben-Motor hat einen Wassermantel zur besseren Kühlung.

Versuchsanordnung mit offener Steuerung

Der Arbeitskolben besteht aus einer Gummimembrane, diese kann problemlos auf dem oberen Rand der Dose mit einem Draht befestigt wird. Hier gut zu erkennen die 10 mm Wasseranschlüsse. Das Material besteht aus handelsüblichen Blechdosen, die einzelnen Teile können sie mit Epoxidharz verkleben. Durch die Einfachheit der Konstruktion können sie experimentieren, die Teile lassen sich gut austauschen.

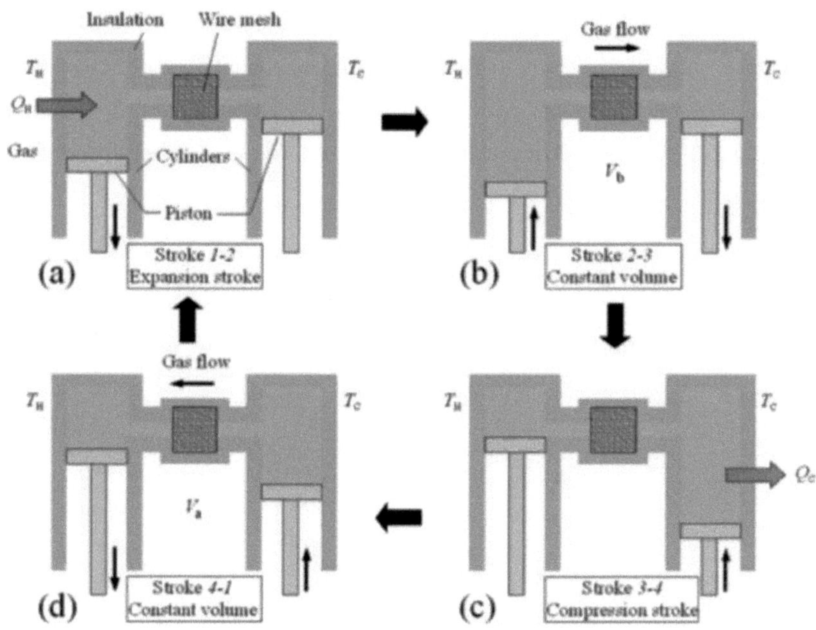

Insulation
Wire mesh
T_H
T_C
Q_H
Gas
Cylinders
Piston
Stroke 1-2
Expansion stroke
(a)
Gas flow
T_H
T_C
V_b
Stroke 2-3
Constant volume
(b)
Gas flow
T_H
T_C
V_a
Stroke 4-1
Constant volume
(d)
T_H
T_C
Q_C
Stroke 3-4
Compression stroke
(c)

Alpha Freikolben Designe

Der Alpha Freikolben zeichnet sich in der Einfachheit der Konstruktion aus. Jedoch lässt er sich nur bei hohen Temperaturen starten. Als Kerzenmotor ist er deshalb nicht geeignet. Die Alpha Bauweise mit Kurbeltrieb, hat sich jedoch bei großen Maschinen durchgesetzt.

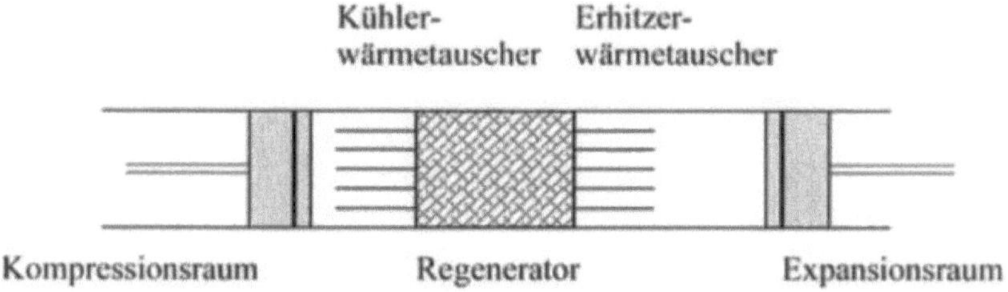

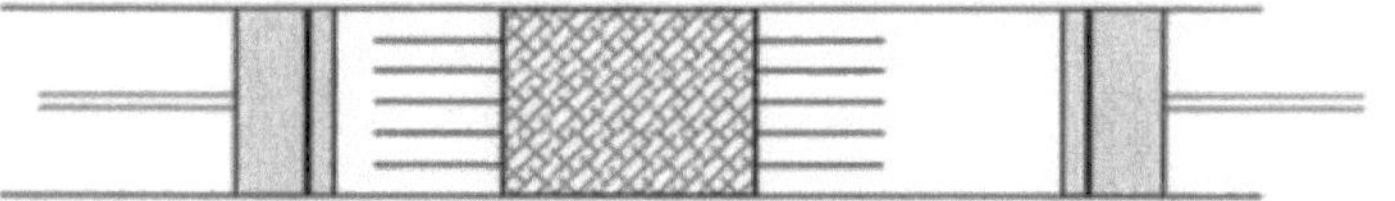

Kühler-
wärmetauscher
Erhitzer-
wärmetauscher
Kompressionsraum
Regenerator
Expansionsraum

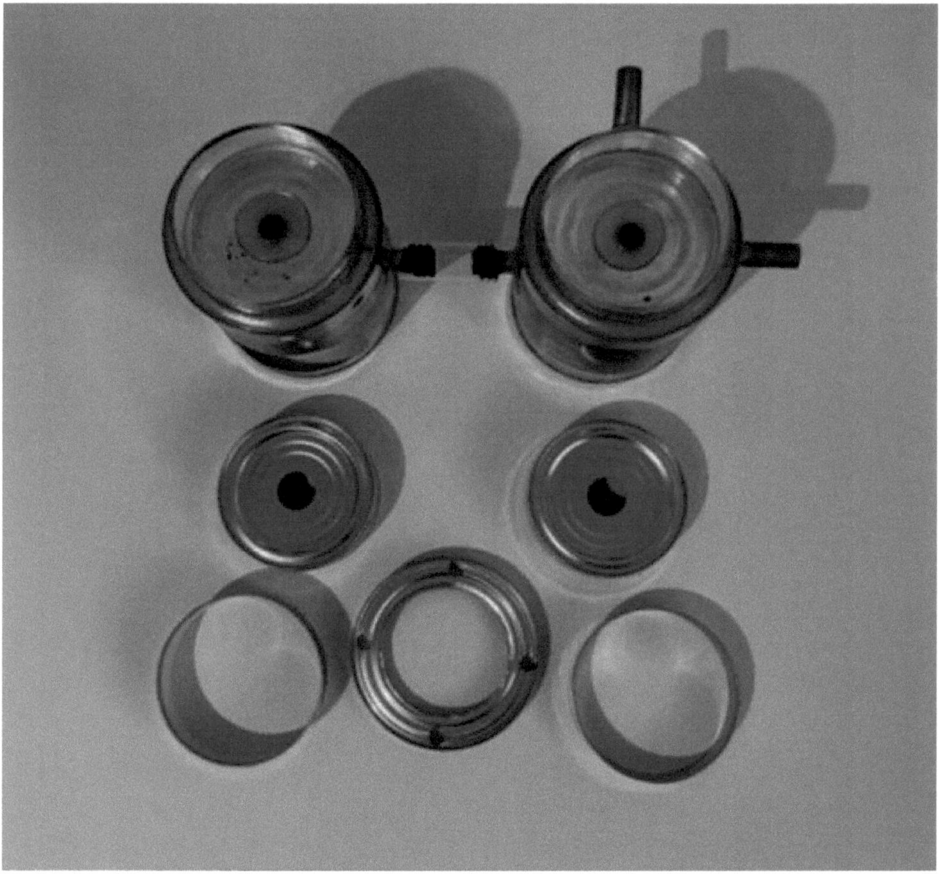

Schlusskommentar

Ein Dankeschön an all diejenigen die mich beim Umsetzen meiner Projekte tatkräftig unterstützt haben. Sollten sich irgendwo im Buch Fehler eingeschlichen haben, dann bitte ich um Nachsicht.

Wünsche allen Stirling-Freunden einen guten Wirkungsgrad.
Elmar Battlogg

BOD Verlag   ISBN: 9 7837 5578 3251